中国茶叶产品标准

国标&行标卷

郝连奇◎主编

华中科技大学出版社
http://www.hustp.com
中国·武汉

图书在版编目（CIP）数据

中国茶叶产品标准 / 郝连奇主编. —武汉：华中科技大学出版社，2022.5
ISBN 978-7-5680-8260-0

Ⅰ.①中… Ⅱ.①郝… Ⅲ.①茶叶–产品标准–中国 Ⅳ.①TS272.7-65

中国版本图书馆CIP数据核字（2022）第078145号

中国茶叶产品标准

郝连奇　主编

Zhongguo Chaye Chanpin Biaozhun

策划编辑：杨　静

责任编辑：孙　念

封面设计：红杉林

责任校对：李　琴

责任监印：朱　玢

出版发行：华中科技大学出版社（中国·武汉）　　电话：（027）81321913
　　　　　武汉市东湖新技术开发区华工科技园　　邮编：430223

录　　排：沈阳市姿兰制版输出有限公司

印　　刷：武汉精一佳印刷有限公司

开　　本：710mm×1000mm　1 / 16

印　　张：17.25

字　　数：291千字

版　　次：2022年5月第1版第1次印刷

定　　价：98.00元

　　我国是茶的原产地，是最早发现、种植、利用、加工和饮用茶的国家，也是茶树资源、茶类品种最丰富的国家。我国制茶历史悠久，产品门类最为齐全，六大茶类丰富多彩，花色品种琳琅满目，有名有姓的茶叶多达千种以上。

　　俗话说：早起开门七件事，柴米油盐酱醋茶。自古以来，上至帝王将相，下至平民百姓，无不以茶为好，饮茶习俗已深深融入中国人的日常生活中。特别是近些年来，我国经济社会发展迅猛，人民生活水平大幅提高，中国茶和茶文化进入了盛世兴茶的新时代，饮茶成为人们追求美好生活的基本需要。然而，由于对茶叶产品标准缺乏基本认知，面对花色繁多、品质各异的茶叶产品，消费者选购时往往眼花缭乱、不知所措。消费者热切期盼能有一本介绍茶叶产品标准的通俗读物，为其指点迷津。

　　令人欣喜的是，我的校友郝连奇先生通过长期实践积累和深入思考，在参阅国内大量茶叶标准化资料的基础上，以消费者普遍关注的产品特征为切入点，编写了《中国茶叶产品标准》一书。本书系统、全面地介绍了不同茶叶产品的品质特点、分类分级、实物标准样、感官要求等，不仅编排科学，而且图文并茂，集资料性、知识性、科普性、实践性、可读性为一体，既适用于茶学专业学生，也可作为茶叶消费者、茶叶从业人员的学习资料，帮助读者按图索骥，快速了解各类茶叶的品质特征。

　　《中国茶叶产品标准》的付梓，填补了茶叶产品标准书籍的空白，相信一定能够成为读者的良师益友，对促进茶叶消费也必将产生积极作用。

　　是为序。

安徽农业大学校长　夏　涛

2021年9月18日

写给
读者
的话

　　从1992年开始学茶到现在已经接近30年的时间了，我自认为对茶的知识、文化有了一定的理解，所以每当消费者问我"这款大红袍是真的还是假的？这款西湖龙井正不正宗？这款普洱茶有多少年？这个金骏眉、这个太平猴魁品质怎么样？这款白毫银针适不适合存放？"等问题时，我都油然而生一种自信，抑或是一种自豪感，大有问我就算问对人的感觉。每次我都会从茶叶的品种、采摘，讲到茶叶的加工和后期转化，从理化指标讲到品质特点，从山场讲到树龄，从新茶、陈茶的识别讲到等级的辨别。我是口若悬河，眉飞色舞，就差口吐莲花了。因为我在想，这正是我充分展示中华茶文化博大精深的时候。可是直到有一天，一位消费者听了我滔滔不绝的介绍之后，眼睛瞪得大大地说："啊，原来茶叶的'水'这么深呢？原来茶叶的'水'这么浑呢？"听到这句话，我的自信、我的自豪感立刻荡然无存。我想，作为一个普通的茶叶消费者，只是想知道这款茶的品质如何，仅此而已。就像喝一杯酒，只要知道品牌、度数等几个基本参数就可以了。我们的使命不是把消费者培养成专家，而是让消费者喝到货真价实的放心茶，让茶更容易地进入人们的日常生活。

　　到底怎样才能最直观地反应出茶的品质呢？其实在这方面，茶叶的商品信息里已经写得很明确，只是消费者不懂得怎么看或者看不懂。大部分人在看茶叶商品信息的时候，往往关注的是生产日期、保质期，而忽略了商品信息里面两个核心的要素。第一个要素是这款茶的执行标准。这款产品执行的是什么标准，这个很有讲究。国家茶叶标准分为四类，分别是强制性国家标准和推荐性国家标准、推荐性行业标准、推荐性地方标准；市场自主制定的标准分为团体标准和企业标准。不论执行的是哪类标准，都会明示产品的品质特点。第二个要素就是商品信息里的等级信息。等级在执行标准里有非常清晰的划分界限。换句话说，掌握了茶叶的执行标准、等级，就了解了茶叶的品质。

写这本书的初衷是想解决两个问题：第一是帮助消费者快速查找茶叶商品标准，快速了解茶叶品质特点；第二是希望帮助企业解决对茶品品质把控的问题。

首先说第一个初衷。帮助消费者快速查找茶叶标准，快速了解茶叶品质特点。截止到本书成稿时，我在全国标准信息库里检索到323个茶叶产品标准，分为国标、行标、地标和团标。因为企标过于庞杂，又不具有公众性，所以企标不在本书统计范围内。本套书分为三卷：第一卷包含53个国标和22个行标，其中1个行标不能公开使用；第二卷包含134个地方标准，其中25个不能公开使用；第三卷包含141个团标，其中37个不能公开使用。

这么专业的标准文件，普通消费者如何快速看懂呢？为了解决这个问题，我对茶叶标准文件做了初步的解读，首先纲目上按六大茶类及再加工茶来分类，然后将产品标准分为七块内容：术语定义（品名定义），产品分类、等级和实物标准样，鲜叶质量要求、分级要求，产品感官品质特征，产品理化指标，地理标志产品保护范围（包含地图），以及标准基本信息（提出单位和归口单位、起草单位、起草人）。并根据标准的具体内容对不同茶叶产品进行分析。

第二个初衷，是希望帮助茶叶生产企业解决对茶品品质把控的问题。茶叶生产企业可以选择产品执行哪种标准，但是只要企业声明其产品所执行的标准，那么该产品就必须接受标准的约束，即品质不能差，等级不能乱。

结成此书衷心感谢孟佳润、张徐杨、吴学进、蒋慈祥、葛子豪、刘一默、权娓琼等同道的帮助。

由于编者的水平有限，书中不妥之处在所难免，希望读者老师们及时指正。

郝连奇

2021年9月8日

CONTENTS / 目录

第一部分

茶叶标准
基础知识

标准的基础知识

（一）什么是标准？

为在一定的范围内获得最佳秩序，对活动或其结果规定共同的和重复使用的规则、导则或特性的文件，称为标准。该文件经协商一致制定并经公认机构的批准。标准应以科学、技术和经验的综合成果为基础，以促进最佳社会效益为目的。

（二）我国标准的分类

根据国务院印发的《深化标准化工作改革方案》（国发【2015】13号），改革措施中指出，政府主导制定的标准由6类整合精简为4类，分别是强制性国家标准和推荐性国家标准、推荐性行业标准、推荐性地方标准；市场自主制定的标准分为团体标准和企业标准。政府主导制定的标准侧重于保基本，市场自主制定的标准侧重于提高竞争力。同时建立完善与新型标准体系配套的标准化管理体制。

什么是标准的性质？

中国标准分为强制性标准和推荐性标准两类性质的标准。保障人身健康和生命财产安全、国家安全、生态环境安全、满足社会经济管理基本要求的标准是强制性标准，其他标准是推荐性标准。

1. 国家标准：对需要在全国范围内统一的技术要求，应当制定国家标准。国家标准由国务院标准化行政主管部门编制计划，组织草拟，统一审批、编号、发布。国家标准在全国范围内适用，其他各级别标准不得与国家标准相抵触。国家标准代号为 GB 和 GB/T，其含义分别为强制性国家标准和推荐性国家标准。

2. 行业标准：由国务院有关行政主管部门编制计划，组织草拟，统一审批、编号、发布，并报国务院标准化行政主管部门备案。如农业行业标准（代号为 NY/T）、化工行业标准（代号为 HG/T）、石油化工行业标准（代号为 SH/T）、建材行业标准（代号为 JC/T）。行业标准为推荐性标准，在全国某个行业范围内适用。

3. 地方标准：地方标准是指在某个省、自治区、直辖市范围内需要统一的标准。《标准化法实施条例》规定："对没有国家标准和行业标准而又需要在省、自治区、直辖市范围内统一的工业产品的安全、卫生要求，可以制定地方标准。地方标准由省、自治区、直辖市人民政府标准化行政主管部门编制计划，组织草拟，统一审批、编号、发布，并报国务院标准化行政主管部门和国务院有关行政主管部门备案。地方标准在相应的国家标准或行业标准实施后，自行废止。"地方标准为推荐性标准，编号为 DB/T。

4. 市场自主制定的标准分为团体标准和企业标准。根据《深化标准化工作改革方案》，通过改革，把政府单一供给的现行标准体系，转变为由政府主导制定的标准和市场自主制定的标准共同构成的新型标准体系。

（1）培育发展团体标准。在标准制定主体上，鼓励具备相应能力的学会、协会、商会、联合会等社会组织和产业技术联盟协调相关市场主体共同制定满足市场和创新需要的标准，供市场自愿选用，增加标准的有效供给。在标准管理上，对团体标准不设行政许可，由社会组织和产业技术联盟自主制定发布，通过市场竞争优胜劣汰。国务院标准化主管部门会同国务院有关部门制定团体标准发展指导意见和标准化良好行为规范，对团体标准进行必要的规范、引导和监督。在工作推进上，选择市场化程度高、技术创新活跃、产品类标准较多的领域，先行开展团体标准试点工作。支持专利融入团体标准，推动技术进步。

（2）放开搞活企业标准。企业根据需要自主制定、实施企业标准。鼓励企业制定高于国家标准、行业标准、地方标准，具有竞争力的企业标准。建立企业产品和服务标准自我声明公开和监督制度，逐步取消政府对企业产品标准的备案管理，落实企业标准化主体责任。鼓励标准化专业机构对企业公开的标准开展比对和评价，强化社会监督。

中国茶叶标准的分类

（一）根据指定主体分类

根据指定的主体，我国茶叶标准分为4类：

1. 强制性国家标准（GB）和推荐性国家标准（GB/T）；

2. 推荐性行业标准（NY/T）；

3. 推荐性地方标准（DB/T）；

4. 市场自主制定的标准。该标准又分为团体标准（T/）和企业标准（Q/）。

（二）根据标准性质分类

根据标准性质，我国茶叶标准分为：强制性标准和推荐性标准。

我国是国际上唯一存在强制性标准的国家。强制性标准和推荐性标准的区别在于：

1. 编号不一样。强制性国家标准代号GB，含有强制性条文；推荐性国家标准代号GB/T，只有参考意义。

2. 范围不一样。在标准范围上，强制性国家标准严格限定在保障人身健康和生命财产安全、国家安全、生态环境安全和满足社会经济管理基本要求的范围之内。推荐性国家标准重点制定基础通用、与强制性国家标准配套的标准；推荐性行业标准重点制定本行业领域的重要产品、工程技术、服务和行业管理标准；推荐性地方标准可制定满足地方自然条件、民族风俗习惯的特殊技术要求。

3. 意义不一样。强制性国家标准具有法律层面的意义，推荐性国家标准则没有，但是推荐性国家标准一经接受并采用，或各方商定同意纳入经济合同中，就具有法律上的约束性。

（三）根据标准功能分类

我国茶叶标准按照标准的功能分为：基础标准、卫生和标签标准、产品标准、方法标准。这里既有国家强制性标准，又有推荐性标准，具体要看标准的性质。比如国家标准中，代号 GB 是强制性标准，GB/T 为推荐性标准。

1. 基础标准主要是指茶叶的技术、要求和规范等基础类标准，除了 GB 11767-2003 茶树种苗为强制性标准外，其余的都是推荐性国家标准，如 GB/T 14487-2017 茶叶感官审评术语、GB/T 18797-2012 茶叶感官审评室基本条件、GB/T 30375-2013 茶叶贮存等。

茶叶基础标准

GB/T 30766-2014 茶叶分类
GB/T 31748-2015 茶鲜叶处理要求
GB/T 32742-2016 眉茶生产加工技术规范
GB/T 32743-2016 白茶加工技术规范
GB/T 32744-2016 茶叶加工良好规范
GB/T 33915-2017 农产品追溯要求 茶叶
GB/T 34779-2017 茉莉花茶加工技术规范
GB/Z 35045-2018 茶产业项目运营管理规范
GB/T 35863-2018 乌龙茶加工技术规范
GB/T 35810-2018 红茶加工技术规范
GB/T 39562-2020 台式乌龙茶加工技术规范
GB/T 39592-2020 黄茶加工技术规程
GB 11767-2003 茶树种苗
GB/T 14487-2017 茶叶感官审评术语
GB/T 18795-2012 茶叶标准样品制备技术条件
GB/T 18797-2012 茶叶感官审评室基本条件
GB/T 20014.12-2013 良好农业规范 第12部分：
　　　　　　　　茶叶控制点与符合性规范
GB/T 24614-2009 紧压茶原料要求
GB/T 24615-2009 紧压茶生产加工技术规范
GB/Z 26576-2011 茶叶生产技术规范
GB/T 30375-2013 茶叶贮存
GB/T 30377-2013 紧压茶茶树种植良好规范
GB/T 30378-2013 紧压茶企业良好规范

5.3　温度和湿度

5.3.1　绿茶贮存宜控制温度10℃以下、相对湿度50%以下。

5.3.2　红茶贮存宜控制温度25℃以下、相对湿度50%以下。

5.3.3　乌龙茶贮存宜控制温度25℃以下、相对湿度50%以下。对于文火烘干的乌龙茶贮存，宜控制温度10℃以下。

5.3.4　黄茶贮存宜控制温度10℃以下、相对湿度50%以下。

5.3.5　白茶贮存宜控制温度25℃以下、相对湿度50%以下。

5.3.6　花茶贮存宜控制温度25℃以下、相对湿度50%以下。

5.3.7　黑茶贮存宜控制温度25℃以下、相对湿度70%以下。

5.3.8　紧压茶贮存宜控制温度25℃以下、相对湿度70%以下。

——茶叶贮存GB/T 30375-2013

2.卫生和标签标准。卫生和标签标准是以保障各类人群健康为直接目的而正式批准颁布的针对与人的生存、生活、劳动和学习有关的各种自然和人为环境因素和条件所作的一系列量值规定，以及为保证实现这些规定所必须的技术行为规定。

茶叶的卫生和标签标准涉及人民的生命健康，所以基本上是强制性标准。

卫生和标签标准

GB 2762-2017食品安全国家标准　食品中污染物限量

GB 2763-2021食品安全国家标准　食品中农药最大残留限量

GB 7718-2011食品安全国家标准　预包装食品标签通则

GB 19965-2005砖茶含氟量

GB/Z 21722-2008出口茶叶质量安全控制规范

GB 23350-2021限制商品过度包装要求　食品和化妆品（即将实施）

在我国茶叶卫生标准中，目前只有GB/Z 21722-2008出口茶叶质量安全控制规范是指导性标准。GB/Z，是国家标准化指导性技术文件。"Z"在此读"指"。指导性技术文件仅供使用者参考。

3. 方法标准。方法标准是指以试验、检查、分析、抽样、统计、计算、测定、作业等各种方法为对象制定的标准。方法标准是贯彻、实现产品标准和其他有关标准的重要手段，对于推广先进方法，提高工作效率，保证试验、检查、分析等工作结果的准确一致，具有重要的意义。

我国茶叶的方法标准，涉及试验方法、检验方法、分析方法、测定方法、抽样方法、工艺方法、生产方法、操作方法等。

方法标准

GB 5009.3-2016食品安全国家标准 食品中水分的测定

GB 5009.4-2016食品安全国家标准 食品中灰分的测定

GB/T 8302-2013茶 取样

GB/T 8303-2013茶 磨碎试样的制备及其干物质含量测定

GB/T 8305-2013茶 水浸出物测定

GB/T 8309-2013茶 水溶性灰分碱度测定

GB/T 8310-2013茶 粗纤维测定

GB/T 8311-2013茶 粉末和碎茶含量测定

GB/T 8312-2013茶 咖啡碱测定

GB/T 8313-2018茶叶中茶多酚和儿茶素类含量的检测方法

GB/T 8314-2013茶 游离氨基酸总量的测定

GB/T 18526.1-2001速溶茶辐照杀菌工艺

GB/T 18625-2002茶叶有机磷及氨基甲酸酯农药残留量的简易检验方法
（酶抑制法）

GB/T 18798.1-2017固态速溶茶 第1部分：取样

GB/T 18798.2-2018固态速溶茶 第2部分：总灰分测定

GB/T 18798.4-2013固态速溶茶 第4部分：规格

GB/T 18798.5-2013固态速溶茶 第5部分：自由流动和紧密堆积密度的测定

GB/T 21727-2008固态速溶茶 儿茶素类含量的检测方法

GB/T 21728-2008砖茶含氟量的检测方法

GB/T 23193-2017茶叶中茶氨酸的测定 高效液相色谱法

GB/T 23776-2018茶叶感官审评方法

GB/T 30376-2013茶叶中铁、锰、铜、锌、钙、镁、钾、钠、磷、硫的测定电感耦合等离子体原子发射光谱法

GB/T 30483-2013茶叶中茶黄素的测定高效液相色谱法

GB/T 35825-2018茶叶化学分类方法

　　比如：GB/T 8313-2018茶叶中茶多酚和儿茶素类含量的检测方法、GB/T 8314-2013茶 游离氨基酸总量的测定、GB/T 18526.1-2001速溶茶辐照杀菌工艺、GB/T 35825-2018茶叶化学分类方法、GB/T 23776-2018茶叶感官审评方法（见表1）等。

表1　各茶类审评因子评分系数

茶类	外形（a）	汤色（b）	香气（c）	滋味（d）	叶底（e）
绿茶	25	10	25	30	10
工夫红茶（小种红茶）	25	10	25	30	10
（红）碎茶	20	10	30	30	10
乌龙茶	20	5	30	35	10
黑茶（散茶）	20	15	25	30	10
紧压茶	20	10	30	35	5
白茶	25	10	25	30	10
黄茶	25	10	25	30	10
花茶	20	5	35	30	10
袋泡茶	10	20	30	30	10
粉茶	10	20	35	35	0

——GB/T 23776-2018茶叶感官审评方法

4. 产品标准。产品标准是为保证产品的适用性，对产品必须达到的某些或全部要求所制定的标准。产品标准是产品生产、检验、验收、使用、维护和洽谈贸易的技术依据，对于保证和提高产品质量，提高生产和使用的经济效益，具有重要意义。

茶叶产品标准的技术要素包含封面，前言，范围，引用标准，定义，产品分类（分级、分等及实物样的规定），要求（感官品质、理化指标、卫生指标、净含量等），试验方法，检验规则，标签，标志，包装，贮藏，运输，保质期等。

产品标准具体表现在商品的标签信息上，即此款商品的执行标准。执行标准是指反映质量特性的全方位产品标准，即国家标准、行业标准、地方标准或市场自主制定的标准（团体标准和企业标准）。标签上标示的产品标准代号和顺序号也是监督检查的依据。执行标准不仅仅是企业生产经营的需要，更是法律的要求。大家都遵纪守法，有序经营，社会才会健康发展，市场上的假冒伪劣商品才会灭绝。

产品标准

GB/T 9833.1-2013 紧压茶 第1部分：花砖茶

GB/T 9833.2-2013 紧压茶 第2部分：黑砖茶

GB/T 9833.3-2013 紧压茶 第3部分：茯砖茶

GB/T 9833.4-2013 紧压茶 第4部分：康砖茶

GB/T 9833.5-2013 紧压茶 第5部分：沱茶

GB/T 9833.6-2013 紧压茶 第6部分：紧茶

GB/T 9833.7-2013 紧压茶 第7部分：金尖茶

GB/T 9833.8-2013 紧压茶 第8部分：米砖茶

GB/T 9833.9-2013 紧压茶 第9部分：青砖茶

第二部分

中国茶叶产品标准

大叶种绿茶

源自GB/T 14456.2—2018

一、术语定义

大叶种绿茶 dayezhong green tea

用大叶种茶树【*Camellia sinensis*（L.）O.Kuntze】的鲜叶，经过摊青、杀青、揉捻、干燥、整形等加工工艺制成的绿茶。

蒸青绿茶 steamed green tea

鲜叶用蒸汽杀青后，经初烘、揉捻、干燥，并经滚炒、筛分等工艺制成的绿茶。

炒青绿茶 pan-fried green tea

鲜叶用锅炒或滚筒高温杀青，经揉捻、初烘、炒干，再经筛分整理、拼配等工艺制成的绿茶。

烘青绿茶 roasted green tea

鲜叶用锅炒或滚筒高温杀青，经揉捻、全烘干燥，再经筛分整理、拼配等工艺制成的绿茶。

晒青绿茶 sundried green tea

鲜叶用锅炒高温杀青，经揉捻、日晒方式干燥，再经筛分整理、拼配等工艺制成的绿茶。

二、产品分类、等级和实物标准样

大叶种绿茶根据加工工艺的不同，分为蒸青绿茶、炒青绿茶、烘青绿茶和晒青绿茶。

蒸青绿茶按照产品感官品质的不同，分为特级（针形）、特级（条形）、一级、二级、三级。

炒青绿茶按照产品感官品质的不同，分为特级、一级、二级、三级。

烘青绿茶按照产品感官品质的不同，分为特级、一级、二级、三级。

晒青绿茶按照产品感官品质的不同，分为特级、一级、二级、三级、四级、五级。

产品的每一等级均设置实物标准样，为品质的最低界限，每三年更换一次。实物标准样的制备按照GB/T 18795的规定执行。

三、产品感官品质特征

（一）蒸青绿茶

蒸青绿茶的感官品质要求如表1所示。

表1　蒸青绿茶的感官品质要求

级别	项目							
	外形				内质			
	条索	整碎	净度	色泽	香气	滋味	汤色	叶底
特级（针形）	紧细重实	匀整	净	乌绿油润白毫显露	清高持久	浓醇鲜爽	绿明亮	肥嫩、绿明亮
特级（条形）	紧结重实	匀整	净	灰绿润	清高持久	浓醇爽	绿明亮	肥嫩、绿亮
一级	紧结尚重实	匀整	有嫩茎	灰绿润	清香	浓醇	黄绿亮	嫩匀、黄绿亮
二级	尚紧结	尚匀整	有茎梗	灰绿尚润	纯正	浓尚醇	黄绿	尚嫩、黄绿
三级	粗实	欠匀整	有梗朴	灰绿稍花	平正	浓欠醇	绿黄	叶张尚厚实、黄绿稍暗

（二）炒青绿茶

炒青绿茶的感官品质要求如表2所示。

表2　炒青绿茶的感官品质要求

级别	项目							
	外形				内质			
	条索	整碎	净度	色泽	香气	滋味	汤色	叶底
特级	肥嫩、紧结重实、显锋苗	匀整平伏	净	灰绿光润	清高持久	浓厚鲜爽	黄绿明亮	肥嫩匀、黄绿明亮
一级	紧结、有锋苗	匀整	稍有嫩梗	灰绿润	清高	浓醇	黄绿亮	肥软、黄绿亮
二级	尚紧结	尚匀整	有嫩梗卷片	黄绿	纯正	浓尚醇	黄绿尚亮	厚实尚匀、黄绿尚亮
三级	粗实	欠匀整	有梗片	绿黄稍杂	平正	浓稍粗涩	绿黄	欠匀、绿黄

（三）烘青绿茶

烘青绿茶的感官品质要求如表3所示。

表3　烘青绿茶的感官品质要求

级别	项目							
	外形				内质			
	条索	整碎	净度	色泽	香气	滋味	汤色	叶底
特级	肥嫩、紧实、有锋苗	匀整	净	青绿润、白毫显露	嫩香浓郁	浓厚鲜爽	黄绿明亮	肥嫩匀、黄绿明亮
一级	肥壮紧实	匀整	有嫩茎	青绿尚润、有白毫	嫩浓	浓厚	黄绿尚亮	肥厚、黄绿尚亮
二级	尚肥壮	尚匀整	有茎梗	青绿	纯正	浓醇	黄绿	尚嫩匀、黄绿
三级	粗实	欠匀整	有梗片	绿黄稍花	平正	尚浓稍粗	绿黄	欠匀、绿黄

（四）晒青绿茶

晒青绿茶的感官品质要求如表4所示。

表4 晒青绿茶的感官品质要求

级别	项目							
	外形				内质			
	条索	整碎	净度	色泽	香气	滋味	汤色	叶底
特级	肥嫩紧结、显锋苗	匀整	净	深绿润、白毫显露	清香浓长	浓醇回甘	黄绿明亮	肥嫩多芽、绿黄明亮
一级	肥壮紧实、有锋苗	匀整	稍有嫩茎	深绿润有白毫	清香	浓醇	黄绿亮	柔嫩有芽、绿黄亮
二级	肥大紧实	匀整	有嫩茎	深绿尚润	清纯	醇和	黄绿尚亮	尚柔嫩、绿黄尚亮
三级	壮实	尚匀整	稍有梗片	深绿带褐	纯正	平和	绿黄	尚软、绿黄
四级	粗实	尚匀整	有梗朴片	绿黄带褐	稍粗	稍粗淡	绿黄稍暗	稍粗、黄稍褐
五级	粗松	欠匀整	梗朴片较多	带褐枯	粗	粗淡	黄暗	粗老、黄褐

四、产品理化指标

大叶种绿茶的理化指标如表5所示。

表5 大叶种绿茶的理化指标

项目		指标			
		蒸青	炒青	烘青	晒青
水分/%	≤	7.0			9.0
总灰分/%	≤	7.5			
粉末/%（质量分数）	≤	0.8			
水浸出物/%（质量分数）	≥	36.0			

续表

项目		指标			
		蒸青	炒青	烘青	晒青
粗纤维/%（质量分数）	≤	16.0			
酸不溶性灰分/%	≤	1.0			
水溶性灰分/%（质量分数）	≥	45.0			
水溶性灰分碱度（以KOH计）/%（质量分数）		≥1.0*；≤3.0*			
茶多酚/%（质量分数）	≥	16.0			
儿茶素/%（质量分数）	≥	11.0			
注：茶多酚、儿茶素、粗纤维、酸不溶性灰分、水溶性灰分、水溶性灰分碱度为参考指标。					
*当以每100g磨碎样品的毫克当量表示水溶性灰分碱度时，其限量为：最小值17.8；最大值53.6。					

五、标准基本信息

本标准的基本信息如表6所示。

表6 标准基本信息

发布时间：2018-02-06　　　　　实施时间：2018-06-01　　　　　状态：目前现行

本标准参与单位/责任人	具体单位/责任人
提出单位	中华全国供销合作总社
归口单位	全国茶叶标准化技术委员会（SAC/TC 339）
主要起草单位	中华全国供销合作总社杭州茶叶研究院 云南省产品质量监督检验研究院 云南省腾冲市高黎贡山生态茶业有限公司
主要起草人	赵玉香、金阳、祝红昆、刘亚峰、周红杰、翁昆、张亚丽、陈亚忠

太平猴魁茶

源自GB/T 19698-2008

一、术语定义

太平猴魁茶 Taiping houkui tea

在本标准范围内特定的自然生态环境条件下，选用柿大茶为主要茶树品种的茶树鲜叶为原料，经传统工艺制成，具有"两叶一芽、扁平挺直、魁伟重实、色泽苍绿、兰香高爽、滋味甘醇"品质特征的茶叶。

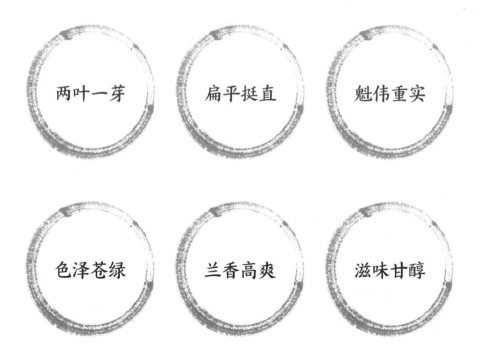

两叶一芽　　扁平挺直　　魁伟重实

色泽苍绿　　兰香高爽　　滋味甘醇

二、产品等级和实物标准样

太平猴魁茶按品质分为极品、特级、一级、二级、三级。特级、二级各设一个实物标准样。

三、鲜叶质量要求、分级要求

（一）质量要求

采用柿大茶或以柿大茶茶树品种选育的茶树品种的新梢为原料，要求芽叶完整，色泽嫩绿，新鲜匀净，无劣变或异味，无其他夹杂物。

芽叶完整　　色泽嫩绿　　新鲜匀净

（二）采摘

1. 开采期：4月中旬前后，当茶园中有10%新梢达到一芽三叶时，开园采摘。

2. 采摘标准：一芽三、四叶。每批采下来的鲜叶的嫩度、匀度、净度应基本一致。

3. 采摘方法：采用提手采，保持芽叶完整。

（三）装运

1. 使用清洁卫生、通气良好的竹篮、篓筐等用具盛装鲜叶原料，禁用布袋、塑料袋等紧压装运。

2. 鲜叶运送应及时，避免日晒雨淋，防止鲜叶发热，机械损伤和混入有毒、有害物质。

四、产品感官品质特征

具有该茶应有的品质，无劣变，无异味，不得含有非茶类夹杂物，不添加任何添加剂。

各等级太平猴魁茶的感官指标应符合表1的规定。

表1　太平猴魁茶的感官指标

级别	外形	内质			
		汤色	香气	滋味	叶底
极品	扁展挺直，魁伟壮实，两叶抱一芽，匀齐，毫多不显，苍绿匀润，部分主脉暗红	嫩绿清澈明亮	鲜灵高爽，兰花香持久	鲜爽醇厚，回味甘甜，独具"猴韵"	嫩匀肥壮，成朵，嫩黄绿，鲜亮
特级	扁平壮实，两叶抱一芽，匀齐，毫多不显，苍绿匀润，部分主脉暗红	嫩绿明亮	鲜嫩清高，有兰花香	鲜爽醇厚，回味甘甜，有"猴韵"	嫩匀肥厚，成朵，嫩黄绿，匀亮
一级	扁平重实，两叶抱一芽，匀整，毫隐不显，苍绿较匀润，部分主脉暗红	嫩黄绿明亮	清高	鲜爽回甘	嫩匀，成朵，黄绿明亮
二级	扁平，两叶抱一芽，少量单片，尚匀整，毫不显，绿润	黄绿明亮	尚清高	醇厚甘甜	尚嫩匀，成朵，少量单片，黄绿明亮
三级	两叶抱一芽，少数翘散，少量断碎，有毫，尚匀整，尚绿润	黄绿尚明亮	清香	醇厚	尚嫩欠匀，成朵，少量断碎，黄绿亮

五、产品理化指标

太平猴魁茶的理化指标应符合表2规定。

表2　太平猴魁茶的理化指标

项目		指标
水分/%	≤	6.5
粉末/%	≤	0.5
总灰分/%	≤	6.5
水浸出物/%	≥	37.0
粗纤维/%	≤	14.0

六、地理标志产品保护范围

太平猴魁茶地理标志产品保护范围限于安徽省黄山市黄山区（原太平县）

现辖行政区域。

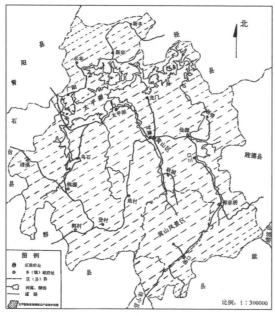

太平猴魁茶地理标志产品保护范围

注：本书中所使用的地理标志产品保护范围所涉行政区划名称以制定标准时的名称为准。在制定标准后行政区划名称发生变动的，本书仅在相应位置注明变更后的名称，以供读者参考。

七、标准基本信息

本标准的基本信息如表3所示。

表3　标准基本信息

发布时间：2008-06-25　　　　实施时间：2008-10-01　　　　状态：目前现行

本标准参与单位/责任人	具体单位/责任人
提出单位	全国原产地域产品标准化工作组
归口单位	全国原产地域产品标准化工作组
主要起草单位	黄山区质量技术监督局 黄山市猴坑茶业有限公司（黄山区新明猴村茶场） 黄山区茶业局 黄山区农技推广中心
主要起草人	李杰生、李继平、方继凡、谢世荣、吴峥嵘、凌睿

中小叶种绿茶

源自GB/T 14456.3-2016

一、术语定义

中小叶种绿茶 green tea made from medium and small-leaf varieties

用中小叶种茶树的芽、叶、嫩茎为原料，经过杀青、揉捻、干燥等工艺加工制成的绿茶产品。

炒青绿茶 roasting green tea

经过杀青、揉捻，采用炒干方式干燥加工制成的绿茶。

烘青绿茶 baked green tea

经过杀青、揉捻，采用烘焙方式干燥加工制成的绿茶。

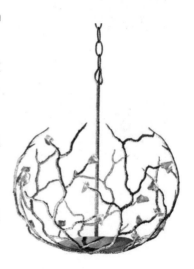

二、产品分类、等级和实物标准样

（一）产品分类、等级

炒青绿茶

按产品形状的不同分为长炒青绿茶、圆炒青绿茶、扁炒青绿茶。不同形状的产品按照感官品质要求分为：特级、一级、二级、三级、四级、五级。

烘青绿茶

产品按照感官品质要求分为：特级、一级、二级、三级、四级、五级。

（二）实物标准样

各产品各等级均设置实物标准样，为品质的最低界限，每四年更换一次。实物标准样的制备应符合GB/T 18795的规定。

三、产品感官品质特征

（一）炒青绿茶

长炒青绿茶、圆炒青绿茶、扁炒青绿茶的感官品质应分别符合表1、表2、表3的规定。

表1　长炒青绿茶的感官品质要求

级别	外形				内质			
	条索	整碎	色泽	净度	香气	滋味	汤色	叶底
特级	紧细、显锋苗	匀整	绿润	稍有嫩茎	鲜嫩高爽	鲜醇	清绿明亮	柔嫩匀整、嫩绿明亮
一级	紧结、有锋苗	匀整	绿尚润	有嫩茎	清高	浓醇	绿明亮	绿嫩、明亮
二级	紧实	尚匀整	绿	稍有梗片	清香	醇和	黄绿明亮	尚嫩、黄绿明亮
三级	尚紧实	尚匀整	黄绿	有片梗	纯正	平和	黄绿尚明亮	稍有摊张、黄绿尚明亮
四级	粗实	欠匀整	绿黄	有梗朴片	稍有粗气	稍粗淡	黄绿	有摊张、绿黄
五级	粗松	欠匀整	绿黄带枯	有黄朴梗片	有粗气	粗淡	绿黄稍暗	粗老、绿黄稍暗

表2　圆炒青绿茶的感官品质要求

级别	外形				内质			
	颗粒	整碎	色泽	净度	香气	滋味	汤色	叶底
特级	细圆重实	匀整	深绿光润	净	香高持久	浓厚	清绿明亮	芽叶较完整、嫩绿明亮
一级	圆结	匀整	绿润	稍有嫩茎	高	浓醇	黄绿明亮	芽叶尚完整、黄绿明亮
二级	圆紧	匀称	尚绿润	稍有黄头	纯正	醇和	黄绿尚明亮	尚嫩尚匀、黄绿尚明亮

续表

级别	外形				内质			
	颗粒	整碎	色泽	净度	香气	滋味	汤色	叶底
三级	圆实	匀称	黄绿	有黄头	平正	平和	黄绿	有单张、黄绿尚明亮
四级	粗圆	尚匀	绿黄	有黄头扁块	稍低	稍粗淡	绿黄	单张较多、绿黄
五级	粗扁	尚匀	绿黄稍枯	有朴块	有粗气	粗淡	黄稍暗	粗老、绿黄稍暗

表3　扁炒青绿茶的感官品质要求

级别	外形				内质			
	条索	整碎	色泽	净度	香气	滋味	汤色	叶底
特级	扁平、挺直、光削	匀整	绿润	洁净	鲜嫩高爽	鲜醇	清绿明亮	柔嫩匀整、嫩绿明亮
一级	扁平挺直	匀整	黄绿润	洁净	清高	浓醇	绿明亮	嫩匀、绿明亮
二级	扁平尚直	尚匀整	绿尚润	净	清香	醇和	黄绿明亮	尚嫩、黄绿明亮
三级	尚扁直	尚匀整	黄绿	稍有朴片	纯正	醇正	黄绿尚明	稍有摊张、黄绿尚明亮
四级	尚扁、稍阔大	尚匀	绿黄	有朴片	稍有粗气	平和	黄绿	有摊张、绿黄
五级	尚扁、稍粗松	欠匀整	绿黄稍枯	有黄朴片	有粗气	稍粗淡	绿黄稍暗	稍粗老、绿黄稍暗

（二）烘青绿茶

烘青绿茶的感官品质应符合表4的规定。

表4　烘青绿茶的感官品质要求

级别	外形				内质			
	条索	整碎	色泽	净度	香气	滋味	汤色	叶底
特级	细紧、显锋苗	匀整	绿润	稍有嫩茎	鲜嫩清香	鲜醇	清绿明亮	柔软匀整嫩绿明亮
一级	细紧、有锋苗	匀整	尚绿润	有嫩茎	清香	浓醇	黄绿明亮	尚嫩匀黄绿明亮

续表

级别	外形				内质			
	条索	整碎	色泽	净度	香气	滋味	汤色	叶底
二级	紧实	尚匀整	黄绿	有茎梗	纯正	醇和	黄绿尚明亮	尚嫩黄绿尚明亮
三级	粗实	尚匀整	黄绿	稍有朴片	稍低	平和	黄绿	有单张黄绿
四级	稍粗松	欠匀整	绿黄	有梗朴片	稍粗	稍粗淡	绿黄	单张稍多绿黄稍暗
五级	粗松	欠匀整	黄稍枯	多梗朴片	粗	粗淡	黄稍暗	较粗老黄稍暗

四、产品理化指标

中小叶种绿茶的理化指标应符合表5的规定。

表5　中小叶种绿茶的理化项目和指标

项目		指标	
		特级至二级	三级至五级
水分/%（质量分数）	≤	7.0	
总灰分/%（质量分数）	≤	7.5	
粉末/%（质量分数）	≤	1.0	1.5
水浸出物/%（质量分数）	≥	36.0	34.0
粗纤维/%（质量分数）	≤	16.5	
酸不溶性灰分/%（质量分数）	≤	1.0	
水溶性灰分，占总灰分/%（质量分数）	≥	45	
水溶性灰分碱度（以KOH计）/%（质量分数）		≥1.0*；≤3.0*	
茶多酚/%（质量分数）	≥	13	
儿茶素/%（质量分数）	≥	8	
注：粗纤维、酸不溶性灰分、水溶性灰分、水溶性灰分碱度为参考指标。			
*当以每100g磨碎样品的毫克当量表示水溶性灰分碱度时，其限量为：最小值17.8；最大值53.6。			

五、标准基本信息

本标准的基本信息如表6所示。

表6　标准基本信息

发布时间：2016-06-14　　　　　　实施时间：2017-01-01　　　　　　状态：目前现行

本标准参与单位/责任人	具体单位/责任人
提出单位	中华全国供销合作总社
归口单位	全国茶叶标准化技术委员会（SAC/TC 339）
主要起草单位	中华全国供销合作总社杭州茶叶研究院 杭州艺福堂茶业有限公司 国家茶叶质量监督检验中心 陕西省产品质量监督检验研究院 浙江大学 陕西省午子绿茶有限责任公司 四川省茶业集团有限公司
主要起草人	邹新武、沈红、李晓军、翁昆、张建成、金勇、龚淑英、杨选民、张亚丽、黄皓、蔡红兵

信阳毛尖茶

源自 GB/T 22737-2008

一、术语定义

信阳毛尖茶 Xinyang Maojian tea

在信阳毛尖茶地理标志产品保护范围内的自然生态环境条件下，采自当地传统的茶树群体种或适宜的茶树良种进行繁育、栽培的茶树的幼嫩芽叶，经独特的工艺加工而成，具有特定品质的条形绿茶。

二、产品等级和实物标准样

（一）分级

信阳毛尖茶以其鲜叶采摘期和质量分为：珍品、特级、一级、二级、三级、四级。

（二）实物标准样

每级设一个实物标准样，每三年更换一次，实物标准样的制备应符合 GB/T 18795 的规定。

三、鲜叶质量要求、分级要求

（一）鲜叶质量

信阳毛尖茶加工的鲜叶应采自符合信阳毛尖茶产地环境条件的茶园的茶树新梢，应保持芽叶完整、新鲜、匀净，无污染和无其他非茶类夹杂物。鲜叶分级指标应符合表1的规定。

表1　鲜叶分级指标

级别	芽叶组成	采期
珍品	85%以上为单芽，其余为一芽一叶初展	春季
特级	85%以上一芽一叶初展，其余为一芽一叶	春季
一级	70%以上一芽一叶，其余为一芽二叶初展	春季
二级	60%以上一芽二叶初展，其余为一芽二叶或同等嫩度的对夹叶	春季
三级	60%以上一芽二叶，其余为同等嫩度的单叶、对夹叶或一芽三叶	春季
	60%以上一芽一叶，其余为一芽二叶或同等嫩度的对夹叶	夏秋季
四级	60%以上一芽二叶，其余为一芽三叶及同等嫩度的单叶或对夹叶	夏秋季

（二）鲜叶采摘

遵循采养结合、量质兼顾和因园制宜的原则适时采摘。手工采茶应保持芽叶完整、鲜嫩、匀净；机采时应使用无铅汽油和机油，防止污染茶叶、茶树和土壤。采摘后采用清洁、通风性能良好的竹编、网眼茶篮或篓筐盛装鲜叶。

（三）鲜叶装运

采用清洁、卫生、通透性好的盛具，装叶量以不影响品质为度。应采取措施防止鲜叶变质，杜绝混入有异味、有害物质。

四、产品感官品质特征

品质正常、无劣变、无异味，不含有非茶类夹杂物，不加入任何添加物。

各质量等级信阳毛尖茶的感官品质要求应符合表2的规定。

表2　各质量等级信阳毛尖茶的感官品质要求

级别	外形				内质			
	条索	色泽	整碎	净度	汤色	香气	滋味	叶底
珍品	紧秀圆直	嫩绿、多白毫	匀整	净	嫩绿明亮	嫩香持久	鲜爽	嫩绿、鲜活、匀亮
特级	细圆紧尚直	嫩绿、显白毫	匀整	净	嫩绿明亮	清香高长	鲜爽	嫩绿、明亮、匀整
一级	圆尚直尚紧细	绿润、有白毫	较匀整	净	绿明亮	栗香或清香	醇厚	绿、尚亮、尚匀整
二级	尚直较紧	尚绿润、稍有白毫	较匀整	尚净	绿尚亮	纯正	较醇厚	绿、较匀整
三级	尚紧直	深绿	尚匀整	尚净	黄绿尚亮	纯正	较浓	绿、较匀
四级	尚紧直	深绿	尚匀整	稍有茎片	黄绿	尚纯正	浓略涩	绿、欠亮

五、产品理化指标

信阳毛尖茶的理化指标应符合表3的规定。

表3　信阳毛尖茶的理化指标

项目		指标					
		珍品	特级	一级	二级	三级	四级
水分/%	≤	6.5					
总灰分/%	≤	6.5					
粉末/%	≤	2.0					
水浸出物/%	≥	36.0				34.0	
粗纤维/%	≤	12.0				14.0	

六、地理标志产品保护范围

信阳毛尖茶地理标志产品保护范围限于现河南省信阳市管辖的行政区域内。

信阳毛尖茶地理标志产品保护范围图

七、标准基本信息

本标准的基本信息如表4所示。

表4　标准基本信息

发布时间：2008-12-28　　　　　实施时间：2009-06-01　　　　　状态：目前现行

本标准参与单位/责任人	具体单位/责任人
提出单位	全国原产地域产品标准化工作组
归口单位	全国原产地域产品标准化工作组
主要起草单位	信阳农业高等专科学校茶叶研究所 信阳市质量技术监督局 河南信阳五云茶叶（集团）有限公司 信阳市茶产业办公室
主要起草人	陈世勋、尹德华、胡亚丽、李成杰、郭桂义、王运梅、阚贵元、苏凯、李凯军、张德源、王艺文、阚贵前

珠 茶

源自GB/T 14456.4-2016

一、术语定义

珠茶 gunpowder tea

以圆炒青绿茶为原料，经筛分、风选、整形、拣剔、拼配等精制工序制成的、符合一定规格的成品茶。

二、产品分类、等级和实物标准样

（一）产品分类、等级

根据加工和出口需要，产品分为特级（3505）、一级（9372）、二级（9373）、三级（9374）、四级（9375）。注：括号中编号为出口商品的代号。

（二）实物标准样

实物标准样根据表1各等级的感官品质要求制作，每三年更换一次。

三、产品感官品质特征

各等级珠茶的感官品质应符合表1的要求。

表1　各等级珠茶的感官品质

级别	外形				内质			
	颗粒	整碎	色泽	净度	香气	滋味	汤色	叶底
特级（3505）	圆结重实	匀整	乌绿润起霜	洁净	浓醇	浓厚	黄绿明亮	嫩匀嫩绿明亮
一级（9372）	尚圆结尚实	尚匀整	乌绿尚润	尚洁净	浓纯	醇厚	黄绿尚明亮	嫩尚匀黄绿明
二级（9373）	圆整	匀称	尚乌绿润	稍有黄头	纯正	醇和	黄绿尚明	尚嫩匀黄绿明
三级（9374）	尚圆整	尚匀称	乌绿带黄	露黄头有嫩茎	尚纯正	尚醇和	黄绿	黄绿尚匀
四级（9375）	粗圆	欠匀	黄乌尚匀	稍有黄扁块有茎梗	平和	稍带粗味	黄尚明	黄尚匀

四、产品理化指标

珠茶的理化指标应符合表2的规定。

表2　珠茶的理化指标

项目		指标	
		特级、一级、二级	三级、四级
水分/%（质量分数）	≤	7.0	
总灰分/%（质量分数）	≤	7.5	

续表

项目		指标	
		特级、一级、二级	三级、四级
粉末/%（质量分数）	≤	1.0	1.5
水浸出物/%（质量分数）	≥	35.0	33.0
粗纤维/%（质量分数）	≤	15.0	16.5
酸不溶性灰分/%（质量分数）	≤	1.0	
水溶性灰分，占总灰分/%（质量分数）	≥	45.0	
水溶性灰分碱度（以KOH计）/%（质量分数）		≥1.0*；≤3.0*	
茶多酚/%（质量分数）	≥	14.0	12.0
儿茶素/%（质量分数）	≥	9.0	8.0
注：粗纤维、酸不溶性灰分、水溶性灰分、水溶性灰分碱度为参考指标。			
*当以每100g磨碎样品的毫克当量表示水溶性灰分碱度时，其限量为：最小值17.8；最大值53.6。			

五、标准基本信息

本标准的基本信息如表3所示。

表3 标准基本信息

发布时间：2016-06-14　　　　实施时间：2017-01-01　　　　状态：目前现行

本标准参与单位/责任人	具体单位/责任人
提出单位	中华全国供销合作总社
归口单位	全国茶叶标准化技术委员会（SAC/TC 339）
主要起草单位	中华全国供销合作总社杭州茶叶研究院 浙江省茶叶集团股份有限公司 国家茶叶质量监督检验中心
主要起草人	翁昆、毛立民、郑国建、张亚丽

雨花茶

源自GB/T 20605-2006

一、术语定义

雨花茶 Yuhua tea

在雨花茶地理标志保护范围内，采用适宜良种茶树的幼嫩芽叶，经独特的工艺加工而成，具有"外形紧细圆直、锋苗挺秀、色泽绿润，内质清香、鲜醇"等突出品质特征的绿茶。

紧细圆直　锋苗挺秀　色泽绿润　清香鲜醇

二、产品等级和实物标准样

（一）产品等级

根据雨花茶的原料嫩度和品质特征，分为特级一等、特级二等、一级、二级，共四个等级。

（二）实物标准样

各等级产品设一个实物标准样，实物标准样为该级品质最低界限，每四年更换一次。

三、鲜叶质量要求、分级要求

每批采下的鲜叶应大小匀称，整齐。不带单片叶、对夹叶、鱼叶、虫伤叶、紫芽、红芽、空心芽等。各等级鲜叶质量要求应符合表1的规定。

表1　雨花茶的鲜叶分级要求

项目			等级			
			特级一等	特级二等	一级	二级
芽叶机械组成	一芽一叶*/%	≥	85	75	65	50
	一芽二叶/%	≤	15	25	35	50
芽叶长度组成	2.0cm～2.5cm/%	≥	90	80	70	60
	2.6cm～3.0cm/%	≤	10	15	25	30
	3.0cm 以上/%	≤	—	5	5	10
*一芽一叶中含有一定量的单芽。						

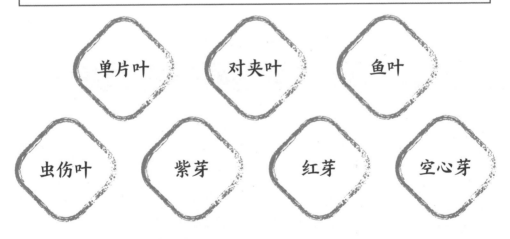

四、产品感官品质特征

产品应具有正常的商品外形及固有的色、香、味，无异味、无劣变。

产品应洁净，不得混有非茶类夹杂物。

不着色，不得添加任何人工合成的化学物质。

各等级雨花茶的感官指标应符合表2的规定。

表2 雨花茶的感官指标

等级	外形				内质			
	条索	色泽	匀整度	净度	香气	汤色	滋味	叶底
特级一等	形似松针、紧细圆直、锋苗挺秀、白毫略显	绿润	匀整	洁净	清香高长	嫩绿明亮	鲜醇爽口	嫩绿明亮
特级二等	形似松针、紧细圆直、白毫略显	绿润	匀整	洁净	清香	嫩绿明亮	鲜醇	嫩绿明亮
一级	形似松针、紧直、略含扁条	绿尚润	尚匀整	洁净	尚清香	绿明亮	醇尚鲜	绿明亮
二级	形似松针、尚紧直、含扁条	绿	尚匀整	洁净	尚清香	绿尚亮	尚鲜醇	绿尚亮

五、产品理化指标

雨花茶的理化指标应符合表3的规定。

表3 雨花茶的理化指标

项目		指标
水浸出物/%	≥	35.0
水分/%	≤	7.0
总灰分/%	≤	6.5
粗纤维/%	≤	14.0
碎末茶/%	≤	6.0

六、地理标志产品保护范围

雨花茶地理标志产品保护范围限于江苏省南京市城区的中山陵园、雨花台烈士陵园，江宁区、溧水县（现为溧水区）、高淳县（现为高淳区）、浦口区、六合区、雨花台区、栖霞区现辖行政区域。

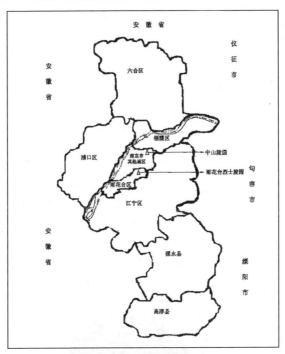

雨花茶地理标志产品保护范围图

七、标准基本信息

本标准的基本信息如表4所示。

表4　标准基本信息

发布时间：2006-11-03　　　　实施时间：2007-04-01　　　　状态：目前现行

本标准参与单位/责任人	具体单位/责任人
提出单位	全国原产地域产品标准化工作组
归口单位	全国原产地域产品标准化工作组
主要起草单位	南京市质量技术监督局 南京市农林局 南京市桑茶果技术指导站 南京标准化学会 南京茶叶行业协会
主要起草人	冯萍、舒稳山、邱霓、赵长华、李松

乌牛早茶

源自GB/T 20360-2006

一、术语定义

乌牛早茶 Wuniu zao tea

在乌牛早茶地理标志保护范围内特定的自然生态环境条件下，选用本地茶树品种"嘉茗1号"的鲜叶为原料，经传统工艺加工制成的扁形绿茶，具有乌牛早茶品质特征的茶叶。

二、产品等级

乌牛早茶产品分特一、特二、一级、二级四个级别。

三、鲜叶采摘要求

采摘标准：一芽一、二叶初展。每批采下鲜叶的嫩度、匀度、净度应基本一致。

采摘方法：采用提手采摘，不得掐采、捋采，保持芽叶完整。

四、产品感官品质特征

具有乌牛早茶的自然品质，无劣变，无污染，不得含有非茶类夹杂物，不添加任何添加剂。

无劣变

无污染

无非茶类夹杂物

各等级乌牛早茶的感官品质应符合表1的规定。

表1 乌牛早茶的感官品质

项目	等级			
	特一	特二	一级	二级
外形	扁平光滑,挺秀尖削,匀齐,色泽嫩绿	扁平光滑,挺直,匀整,色泽嫩绿	扁平尚光滑,匀整,略有碎茶、黄叶,色泽绿润	扁平,尚匀整,略有宽条、黄片及碎茶,色泽尚绿润
香气	香高持久	香高	香高	香气尚高
汤色	嫩绿明亮	嫩绿明亮	绿明亮	尚绿明亮
滋味	甘醇鲜爽	鲜	醇爽	尚醇厚
叶底	幼嫩肥壮,成朵	嫩厚匀齐,成朵	嫩匀,稍有单张	尚嫩匀,单张略多

五、产品理化指标

各等级乌牛早茶的理化指标应符合表2的规定。

表2 乌牛早茶的理化指标

项目	指标			
	特一	特二	一级	二级
水分/% ≤	7.0			
灰分/% ≤	6.5			
碎末茶/% ≤	1.0		2.0	
水浸出物/% ≥	37.0			
粗纤维/% ≤	12.0		14.0	
氨基酸/% ≥	3.0			
茶多酚/%	20.1~29.5			

六、地理标志产品保护范围

乌牛早茶地理标志产品保护范围为浙江省永嘉县现辖行政区域。

乌牛早茶地理标志产品保护范围图

七、标准基本信息

本标准的基本信息如表3所示。

表3　标准基本信息

发布时间：2006-05-25　　　　　实施时间：2006-10-01　　　　　状态：目前现行

本标准参与单位/责任人	具体单位/责任人
提出单位	全国原产地域产品标准化工作组
归口单位	全国原产地域产品标准化工作组
起草单位	浙江省永嘉县质量技术监督局 浙江省永嘉县农业局
起草人	孙淑娟、吴文珍、余海跃

眉 茶

源自GB/T 14456.5-2016

一、术语定义

眉茶 mee tea

以长炒青绿茶为原料，经筛分、切轧、风选、拣剔、车色、拼配等精制工序制成的、符合一定规格要求的成品茶。

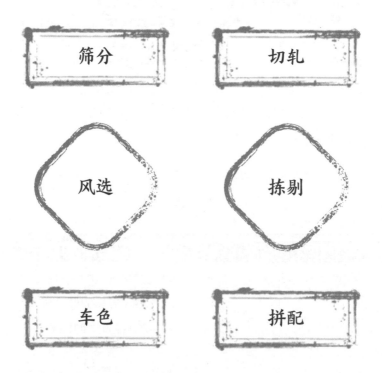

筛分　　切轧

风选　　拣剔

车色　　拼配

二、产品分类、等级和实物标准样

根据加工和出口需要，产品分为珍眉、雨茶、秀眉和贡熙。

珍眉设特珍特级（41022）、特珍一级（9371）和特珍二级（9370），珍眉一级（9369）、珍眉二级（9368）、珍眉三级（9367）和珍眉四级（9366）；

雨茶设雨茶一级（8147）、雨茶二级（8167）；

秀眉设秀眉特级（8117）、秀眉一级（9400）、秀眉二级（9376）、秀眉三级（9380）；

贡熙设特贡一级（9277）、特贡二级（9377）、贡熙一级（9389）、贡熙二级（9417）、贡熙三级（9500）。

注：括号中编号为出口商品的代号。

实物标准样根据表1、表2、表3、表4各等级的感官品质要求制作，每三年更换一次。

三、产品感官品质特征

各等级珍眉的感官品质应符合表1的规定。

表1　各等级珍眉的感官品质

级别	外形				内质			
	条索	整碎	色泽	净度	香气	滋味	汤色	叶底
特珍特级（41022）	细紧显锋苗	匀整	绿润、起霜	洁净	高香持久	鲜浓醇厚	绿明亮	含芽、嫩绿、明亮
特珍一级（9371）	细紧有锋苗	匀整	绿润、起霜	净	高香	鲜浓醇	绿明亮	嫩匀、嫩绿、明亮
特珍二级（9370）	紧结	尚匀整	绿润	尚净	较高	浓厚	黄绿明亮	嫩匀、绿、明亮
珍眉一级（9369）	紧实	尚匀整	绿、尚润	尚净	尚高	浓醇	黄绿尚明亮	尚嫩匀、黄绿、明亮
珍眉二级（9368）	尚紧实	尚匀	黄绿、尚润	稍有嫩茎	纯正	醇和	黄绿	尚匀、软黄绿
珍眉三级（9367）	粗实	尚匀	绿黄	带细梗	平正	平和	绿黄	尚软、绿黄
珍眉四级（9366）	稍粗松	欠匀	黄	带梗朴	稍粗	稍粗淡	黄稍暗	稍粗、绿黄

中国茶叶 产品标准

各等级雨茶的感官品质应符合表2的规定。

表2　各等级雨茶的感官品质

级别	外形				内质			
	条索	整碎	色泽	净度	香气	滋味	汤色	叶底
雨茶一级（8147）	细短、紧结、带蝌蚪形	匀称	绿润	稍有茎梗	高纯	浓厚	黄绿、明亮	嫩匀、黄绿、明亮
雨茶二级（8167）	短、纯、稍松	尚匀	绿黄	筋条茎梗显露	平正	平和	绿黄、稍暗	叶质尚软、尚匀、绿黄

各等级秀眉的感官品质应符合表3的规定。

表3　各等级秀眉的感官品质

级别	外形				内质			
	条索	整碎	色泽	净度	香气	滋味	汤色	叶底
秀眉特级（8177）	嫩茎细条	匀称	黄绿	带细梗	尚高	浓、尚醇	黄绿尚明亮	尚嫩匀、黄绿、明亮
秀眉一级（9400）	筋条带片	尚匀	绿黄	有细梗	纯正	浓、带涩	黄绿	尚软、尚匀、绿黄
秀眉二级（9376）	片带筋条	尚匀	黄	稍带轻片	稍粗	稍粗涩	黄	稍粗、绿黄
秀眉三级（9380）	片形	尚匀	黄稍枯	有轻片	粗	粗、带涩	黄稍暗	较粗、黄暗

各等级贡熙的感官品质应符合表4的规定。

表4　各等级贡熙的感官品质

级别	外形				内质			
	条索	整碎	色泽	净度	香气	滋味	汤色	叶底
特贡一级（9277）	圆结重实	匀整	绿润	净	高	浓爽	绿亮	嫩匀、绿亮
特贡二级（9377）	圆结	尚匀整	绿尚润	稍有黄头	尚高	醇厚	黄绿明亮	尚嫩匀、黄绿、明亮
贡熙一级（9389）	圆实	匀称	黄绿	有黄头	纯正	醇和	黄绿	尚嫩、尚匀、黄绿、尚明亮
贡熙二级（9417）	尚圆实	尚匀称	绿黄	黄头显露	平正	平和	黄	叶质尚软、绿黄
贡熙三级（9500）	尚圆略扁	尚匀	黄稍枯	有朴片	有粗气	粗带涩	稍黄暗	稍粗老、黄、稍暗

四、产品理化指标

眉茶的理化指标应符合表5的规定。

表5 眉茶的理化项目和指标

项目		指标			
		珍眉	雨茶	贡熙	秀眉
水分/%（质量分数）	≤	7.0			
总灰分/%（质量分数）	≤	7.5			
粉末/%（质量分数）	≤	1.0		1.5	
水浸出物/%（质量分数）	≥	36.0		34.0	
粗纤维/%（质量分数）	≤	16.5			
酸不溶性灰分/%（质量分数）	≤	1.0			
水溶性灰分，占总灰分/%（质量分数）	≥	45.0			
水溶性灰分碱度（以KOH计）/%（质量分数）	≥	≥1.0*；≤3.0*			
茶多酚/%（质量分数）	≥	14.0	13.0	12.0	
儿茶素/%（质量分数）	≥	9.0		8.0	
注：粗纤维、酸不溶性灰分、水溶性灰分、水溶性灰分碱度为参考指标。					
*当以每100g磨碎样品的毫克当量表示水溶性灰分碱度时，其限量为：最小值17.8；最大值53.6。					

五、标准基本信息

本标准的基本信息如表6所示。

表6 标准基本信息

发布时间：2016-06-14　　　　实施时间：2017-01-01　　　　状态：目前现行

本标准参与单位/责任人	具体单位/责任人
提出单位	中华全国供销合作总社
归口单位	全国茶叶标准化技术委员会（SAC/TC 339）
主要起草单位	中华全国供销合作总社杭州茶叶研究院 浙江省茶叶集团股份有限公司 国家茶叶质量监督检验中心
主要起草人	翁昆、毛立民、郑国建、张亚丽

蒙山茶

源自GB/T 18665-2008

一、术语定义

蒙山茶 Mengshan tea

在国家批准的地理标志产品保护范围内种植的茶树鲜叶，采用传统工艺与现代先进技术相结合加工而成的具有特定品质的茶叶。

二、产品分类

（一）特色名茶

蒙山特色名茶包括蒙顶黄芽、蒙顶石花、蒙顶甘露、蒙山毛峰、蒙山春露茶。

（二）绿茶

蒙山绿茶主要有蒙山烘青绿茶、蒙山炒青绿茶、蒙山蒸青绿茶。

（三）花茶

蒙山花茶主要包括蒙顶甘露花茶、蒙山毛峰花茶、蒙山香茗花茶与各级花茶等。

三、鲜叶品质要求、分级标准

（一）特色名茶采摘

当茶园蓬面上有3%~5%芽梢符合采摘标准时开采。黄芽、特级石花应采摘单芽作为原料，石花、甘露、毛峰系列产品和春露茶应采摘一芽一叶以及一芽二叶初展的新梢作为原料，特色名茶鲜叶分级标准如表1所示。

表1　特色名茶鲜叶分级标准　　　　　　　　　　　　　　　　单位：%

级别	单芽		一芽一叶初展		一芽二叶初展		一芽二叶		同等嫩度单片对夹叶	
	重量	个数	重量	个数	重量	个数	重量	个数	重量	个数
蒙顶黄芽	98	96	2	3~4	—	—	—	—	—	—
蒙顶石花特级	96	96	2	3~4	—	—	—	—	—	—
蒙顶石花一级	20~30	30~50	60~70	50~60	—	—	—	—	5~10	3~8

续表

级别	单芽		一芽一叶初展		一芽二叶初展		一芽二叶		同等嫩度 单片对夹叶	
	重量	个数	重量	个数	重量	个数	重量	个数	重量	个数
蒙顶石花二级	10~20	20~40	50~60	40~50	15~20	12~20	—	—	7~12	5~10
蒙顶甘露特级	20~30	30~50	60~70	50~60				—	5~10	3~8
蒙顶甘露一级	0~5	0~10	70~80	70~80	10~25	8~15		—	5~10	5~8
蒙顶甘露二级	—	—	44~55	45~60	40~50	30~40		—	10~17	8~10
蒙山毛峰特级	0~5	0~10	70~80	70~80	10~15	8~15		—	5~10	5~8
蒙山毛峰一级	—	—	40~55	45~60	40~50	30~40		—	—	—
蒙山毛峰一级	—	—	5~10	10~20	55~65	55~65	20~25	15~20	10~15	8~10
蒙山春露	—	—	5~10	10~20	55~65	55~65	20~25	15~20	10~15	8~10

（二）绿茶的采摘

采一芽二、三叶与同等嫩度的单片对夹叶，依据鲜叶的老嫩程度，分为特级至五级鲜叶原料，绿茶鲜叶分级标准如表2所示。

表2　绿茶鲜叶分级标准

级别	芽叶组成（重量）/%			感官特征
	一芽一、二叶	一芽二、三叶	同等嫩度 单片对夹叶	
特级	≥40	≥55	5~10	芽叶鲜嫩、叶质软、叶色鲜润
一级	30~39	45~54	11~18	芽叶鲜嫩、叶质软、叶润
二级	20~29	35~45	19~26	芽叶嫩、叶质尚软、叶尚润
三级	10~19	25~36	27~44	芽叶新鲜、叶质欠软、叶欠润
四级	1~9	20~30	45~65	芽叶尚新鲜、叶质稍硬、叶无劣变
五级	0~5	5~20	65~75	芽叶欠新鲜、叶质较硬、叶无劣变

四、产品感官品质特征

蒙山茶产品应洁净，无任何添加剂，不得着色，不得夹杂非茶物质，无异味，无劣变。

各等级蒙山特色名茶系列产品的感官品质如表3所示。

表3 各等级蒙山特色名茶系列产品的感官品质

项目	外形				内质			
	条索	色泽	嫩度	净度	香气	汤色	滋味	叶底
蒙顶黄芽	扁平挺直	嫩黄油润	全芽披毫	净	甜香馥郁	浅杏绿明亮	鲜爽甘醇	黄亮鲜活
蒙顶石花特级	扁平匀直	嫩绿油润	嫩芽银毫	净	嫩香浓郁	清澈绿亮	鲜嫩甘爽	全芽匀亮
蒙顶石花一级	扁平匀整	嫩绿油润	细嫩多毫	净	清香持久	杏绿明亮	鲜醇甘爽	嫩黄明亮
蒙顶石花二级	扁平尚直	绿油润	细嫩有毫	净	清香	杏绿明亮	鲜爽回甘	绿黄明亮
蒙顶甘露特级	细秀匀卷	嫩绿油润	细嫩银毫	净	嫩香馥郁	杏绿鲜亮	鲜嫩醇爽	嫩黄明亮
蒙顶甘露一级	细紧匀卷	嫩绿油润	细嫩多毫	净	嫩香持久	杏绿明亮	鲜爽回甘	嫩黄匀亮
蒙顶甘露二级	细紧匀卷	绿油润	细嫩显毫	净	清香持久	黄绿明亮	醇厚回甘	绿黄匀亮
蒙山毛峰特级	紧细较直多锋苗	嫩绿油润	细嫩多毫	净	清香鲜洁	杏绿明亮	鲜嫩醇爽	嫩黄明亮
蒙山毛峰一级	紧细较直显锋苗	绿油润	细嫩显毫	净	清香持久	黄绿明亮	鲜醇甘爽	绿黄匀亮
蒙山毛峰二级	紧细较直有锋苗	尚绿油润	细嫩有毫	净	清香	黄绿明亮	醇厚甘爽	黄绿匀亮
蒙山春露	紧细有锋	绿润	细嫩有毫	净	清香持久	黄绿明亮	醇厚爽口	黄绿匀亮

蒙山花茶系列产品的感官品质如表4所示。

表4 蒙山花茶系列产品的感官品质

项目	外形				内质			
	条索	色泽	整碎	净度	香气	汤色	滋味	叶底
蒙顶甘露花茶	细紧、显锋苗、有毫	黄绿、润	匀整	净	鲜灵持久	绿黄明亮	鲜爽回甘	绿黄明亮、芽叶较完整
蒙山毛峰花茶	紧细、有锋苗、带毫	黄绿、尚润	匀整	净	鲜灵浓郁	绿黄明亮	鲜浓甘醇	绿黄明亮、芽叶较完整
蒙山香茗花茶	紧细、有锋苗	黄绿、尚润	匀整	净	鲜浓持久	绿黄明亮	浓醇	黄绿明亮、芽叶较完整

各等级蒙山烘青绿茶系列产品的感官品质如表5所示。

表5 各等级蒙山烘青绿茶系列产品的感官品质

项目	外形				内质			
	条索	整碎	色泽	净度	香气	汤色	滋味	叶底
特级	紧细有毫	匀整	绿润	稍有嫩茎	清高	黄绿明亮	鲜醇	黄绿、细嫩、明亮
一级	紧细带毫	匀整	绿、尚润	有嫩茎	清香	黄绿尚亮	浓醇	嫩匀、绿亮
二级	紧实	尚匀整	绿、稍润	显嫩梗	纯正	黄绿稍亮	醇正	绿、尚嫩明
三级	尚稍实	尚匀整	黄绿	稍有朴片	稍低	黄绿	平和	欠绿、亮
四级	稍粗松	欠匀整	绿黄	有梗朴片	稍粗	绿黄	稍粗淡	黄绿、稍暗
五级	粗松	欠匀整	稍枯黄	多梗朴片	粗气	黄稍暗	粗淡	黄绿、粗硬

各等级蒙山炒青绿茶系列产品的感官品质如表6所示。

表6 各等级蒙山炒青绿茶系列产品的感官品质

项目	外形				内质			
	条索	整碎	色泽	净度	香气	汤色	滋味	叶底
特级	紧细、有锋苗	匀整	绿润	稍有嫩茎	带栗香	黄绿明亮	浓爽	细嫩、黄绿、明亮
一级	紧实、有锋苗	匀整	绿尚润	有嫩茎	清高	黄绿尚亮	浓醇	绿嫩、明亮
二级	紧实	尚匀整	绿稍润	显嫩茎	清香	黄绿明	浓尚醇	黄绿、尚嫩、尚亮
三级	尚紧实	尚匀整	黄绿	有嫩梗片	纯和	绿黄尚明	平和	黄绿、欠嫩、稍摊张
四级	粗实	欠匀整	绿黄	有梗朴片	稍低	绿黄	稍粗淡	黄绿、有摊张
五级	粗松	欠匀整	稍枯黄	显梗朴片	有粗气	绿黄稍暗	粗淡	黄绿、粗老、稍暗

各等级蒙山蒸青绿茶系列产品的感官品质如表7所示。

表7　各等级蒙山蒸青绿茶系列产品的感官品质

项目	外形				内质			
	条索	整碎	色泽	净度	香气	滋味	汤色	叶底
超特	挺秀松针形、多嫩芽	匀整	深绿鲜明油润	匀净	清香鲜嫩持久	醇厚鲜爽	绿艳	嫩匀多芽鲜嫩明亮
特一	紧直松针形、嫩芽显露	匀整	深绿油润	匀净	清香尚持久	鲜醇	嫩绿明亮	嫩匀显芽青绿明亮
特二	松针形、稍有嫩芽	匀整	深绿油润	稍有嫩茎梗片	清高	浓醇爽口	嫩绿明亮	嫩匀绿亮
一级	松针形、夹长条	匀整	绿润	有梗片	清高	浓醇	绿明亮	柔软绿亮
二级	松针形、稍扁直	尚匀整	绿	筋梗片稍多	尚清香	尚浓醇	绿明亮	绿匀明亮
三级	带松针形、稍扁直	尚匀	黄绿	稍有黄朴片	纯正	醇正	黄绿明亮	尚匀黄绿
四级	松条、夹狭长条	尚匀	黄绿	有朴片梗	平正	平和	黄绿	欠匀黄绿
五级	松扁	尚匀	绿黄	黄朴片较多	稍有粗青气	带青涩	绿黄	稍粗老黄绿稍暗

各等级蒙山茉莉花茶系列产品的感官品质如表8所示。

表8　各等级蒙山茉莉花茶系列产品的感官品质

项目	外形			内质			
	条索	匀净度	色泽	香气	滋味	汤色	叶底
特级	紧细显锋苗	稍有嫩茎	绿润、花干白色	鲜灵持久	浓醇鲜爽	绿黄尚亮	黄绿明亮、细嫩有芽
一级	紧直有锋苗	有嫩茎	绿尚润、花干黄白色	鲜浓	浓醇尚鲜	绿黄尚明	黄绿明亮、细嫩柔软
二级	紧直	显嫩茎	尚绿润、花干黄白色	尚鲜浓	醇和	绿黄稍明	黄绿尚亮、尚嫩柔软
三级	尚紧略直	有茎梗	黄绿欠润、花干黄白色	尚浓	尚醇和	绿黄	黄绿尚明、稍有摊张
四级	稍松带块	有硬梗朴片	绿黄稍暗、花干黄白色	香弱	平和	黄稍暗	黄绿稍暗、欠软较粗
五级	松扁轻飘	多梗朴片	绿黄稍枯、花干黄色	香薄	粗淡	黄暗	黄绿带暗、较粗老

五、产品理化指标

蒙山特色名茶、特色花茶的理化指标如表9所示。

表9　蒙山特色名茶、特色花茶的理化指标

项目	水分/% ≤	总灰分/% ≤	粉末/% ≤	含花量/% ≤
蒙山特色名茶	6.5	6.5	0.5	—
蒙山特色茉莉花茶	8.0	6.5	0.8	0.5

蒙山烘青绿茶、炒青绿茶、蒸青绿茶的理化指标如表10所示。

表10　蒙山烘青绿茶、炒青绿茶、蒸青绿茶的理化指标

项目	水分/% ≤	总灰分/% ≤	粉末/% ≤
特级	7.0	6.5	1.0
1级~3级	7.0	6.5	1.5
4级~5级	7.0	6.5	1.5

蒙山茉莉花茶系列产品的理化指标如表11所示。

表11　蒙山茉莉花茶系列产品的理化指标

项目	水分/% ≤	总灰分/% ≤	粉末/% ≤	含花量/% ≤
特级	8.5	6.5	1.2	1.0
1级~2级	8.5	6.5	1.5	1.2
3级~5级	8.5	6.5	1.5	1.5

六、地理标志产品保护范围

蒙山茶地理标志产品保护范围除四川省雅安市名山县（2012年改为名山区）全境外，还包括雅安市雨城区地处蒙山的碧峰峡镇的后盐村和陇西乡的陇西村、蒙泉村。

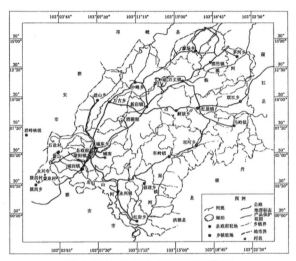

蒙山茶地理标志产品保护范围

七、标准基本信息

本标准的基本信息如表12所示。

表12 标准基本信息

发布时间：2008-06-17 实施时间：2008-12-01 状态：目前现行

本标准参与单位/责任人	具体单位/责任人
提出单位	全国原产地域产品标准化工作组
归口单位	全国原产地域产品标准化工作组
主要起草单位	四川省雅安市名山质量技术监督局 四川省雅安市名山区蒙山茶地理标志产品保护办公室 四川省雅安市名山区茶叶研究所 四川省名山区禹贡蒙山茶叶有限责任公司 四川省名山区蜀名茶场 四川茗山茶叶有限公司
主要起草人	杨天炯、杨显良、闵国玉、杨红、夏家英、李廷松、陈吉学、胡庆林、黄文林、龙开军

庐山云雾茶

源自GB/T 21003-2007

一、术语定义

庐山云雾茶 Lushan yunwu tea

在地理标志保护范围内，选用当地群体茶树品种或具有良好适制性的良种进行繁育、栽培，经独特的工艺加工而成，具有"干茶绿润、汤色绿亮、香高味醇"等主要品质特征的绿茶。

干茶绿润　　汤色绿亮　　香高味醇

二、产品分级和实物标准样

（一）分级

庐山云雾茶按产品质量分为特级、一级、二级、三级。

（二）实物标准样

各级设一个实物标准样，实物标准样为该级品质最低界限，每三年换样一次。

三、鲜叶质量要求、分级要求

鲜叶采摘：当茶树蓬面每平方米有15～20个符合标准的茶芽时即可开采。

采摘方法：提手采摘，即掌心向下，向上轻提。不得用指甲掐采或用手抓、捋采。

鲜叶质量：芽叶完整，色泽鲜绿、匀净，同批次采摘鲜叶要求长度、嫩度基本一致，鲜叶应使用透气良好的竹篓、竹篮盛装，不得使用塑料袋、编织袋或有异味的器具盛装。

四、产品感官品质特征

产品应具有正常的商品外形及固有的色、香、味，无异味、无劣变。产品应洁净，不得混有非茶类夹杂物。产品不着色，不得添加任何人工合成的化学物质。

各等级庐山云雾茶的感官品质应符合表1的要求。

表1　各等级庐山云雾茶的感官品质

等级		特级	一级	二级	三级
外形	条索	紧细显锋苗	紧细有锋苗	紧实	尚紧实
	色泽	绿润	尚绿润	绿	深绿
	整碎	匀齐	匀整	尚匀整	尚匀整
	净度	洁净	净	尚净	有单张
内质	滋味	鲜醇回甘	醇厚	尚醇	尚浓
	香气	清香持久	清香	尚清香	纯正
	汤色	嫩绿明亮	绿明亮	绿尚亮	黄绿、尚亮
	叶底	细嫩匀整	嫩匀	尚嫩	绿、尚匀

五、产品理化指标

庐山云雾茶的理化指标如表2所示。

表2　庐山云雾茶的理化指标

项目		指标
水分/%	≤	7.0
总灰分/%	≤	6.5
碎末茶/%	≤	5.0

六、地理标志产品保护范围

庐山云雾茶的保护范围为九江市的庐山风景区，庐山区（现为廉溪区）的海会镇、威家镇、虞家河乡、莲花镇、五里乡、赛阳镇、姑塘镇、新港镇，星子县（现为庐山市）的东牯山林场、温泉镇、白鹿镇，九江县（现为柴桑区）的岷山乡。

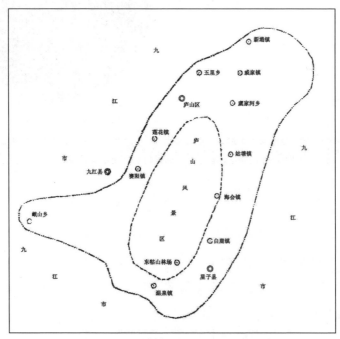

庐山云雾茶地理标志保护范围图

七、标准基本信息

本标准的基本信息如表3所示。

表3　标准基本信息

发布时间：2007-06-04　　　　　实施时间：2007-12-01　　　　　状态：目前现行

本标准参与单位/责任人	具体单位/责任人
提出单位	全国原产地域产品标准化工作组
归口单位	全国原产地域产品标准化工作组
主要起草单位	江西省九江市质量技术监督局 九江市庐山茶叶科学研究所 庐山垦殖场
主要起草人	孔令清、彭志萍、汪少虎、黄纪刚、熊广文

安吉白茶

源自GB/T 20354-2006

一、术语定义

白叶一号 baiye yihao

茶树品种。灌木型，中叶类，主干明显，叶长椭圆形，叶尖渐突斜上，叶身稍内折，叶面微内凹，叶齿浅，叶缘平，中芽种，春季新芽玉白，叶质薄，叶脉浅绿色，气温高于23℃时叶渐转花白至绿。

安吉白茶 Anji bai tea

产自安吉白茶地理标志产品保护范围内，采自"白叶一号"茶树鲜叶，经加工而成并符合标准规定要求的绿茶类茶叶。

凤形安吉白茶 fengxing Anji bai tea

按条型茶加工工艺制作成的安吉白茶。

龙形安吉白茶 longxing Anji bai tea

按扁型茶加工工艺制作成的安吉白茶。

二、产品分类、等级

产品分为龙形安吉白茶、凤形安吉白茶两类。

产品分为精品、特级、一级、二级，共四个等级。

三、鲜叶质量要求

采摘标准为一芽一叶初展至一芽三叶。

四、产品感官品质特征

产品应无异味、无劣变，洁净，不得混有非茶类杂物，不着色，不得添加任何添加剂。感官品质应符合表1的规定。

表1　安吉白茶的感官品质

级别	外形		汤色	香气	滋味	叶底
	龙形	凤形				
精品	扁平，光滑，挺直，尖削，嫩绿显玉色，匀整，无梗、朴、黄片	条直显芽，芽壮实匀整，嫩绿，鲜活泛金边，无梗、朴、黄片	嫩绿明亮	嫩香持久	鲜醇甘爽	叶白脉翠，一芽一叶，芽长于叶，成朵，匀整
特级	扁平，光滑，挺直，嫩绿带玉色，匀整，无梗、朴、黄片	条直有芽，匀整，嫩绿泛玉色，无梗、朴、黄片	嫩绿明亮	嫩香持久	鲜醇	叶白脉翠，一芽一叶，成朵，匀整
一级	扁平，尚光滑，尚挺直，嫩绿油润，尚匀整，略有梗、朴、黄片	条直有芽，较匀整，色嫩绿润，略有梗、朴、片	尚嫩绿明亮	清香	醇厚	叶白脉翠，一芽二叶，成朵，匀整
二级	尚扁平，尚光滑，嫩绿尚油润，尚匀，略有梗、朴、黄片	条直尚匀整，色绿润，略有梗、朴、片	绿明亮	尚清香	尚醇厚	叶尚白脉翠，一芽二、三叶，成朵，匀整

五、产品理化指标

安吉白茶的理化指标如表2所示。

表2　安吉白茶的理化指标

项目		指标
水分/%	≤	6.5
碎末和碎茶/%	≤	1.2
总灰分/%	≤	6.5
粗纤维/%	≤	10.5
水浸出物/%	≥	32.0
游离氨基酸总量（以谷氨酸计)/%	≥	5.0

六、地理标志产品保护范围

安吉白茶地理标志产品保护范围位于北纬30°23′~30°52′，东经119°14′~119°53′，即浙江省安吉县现辖行政区域。

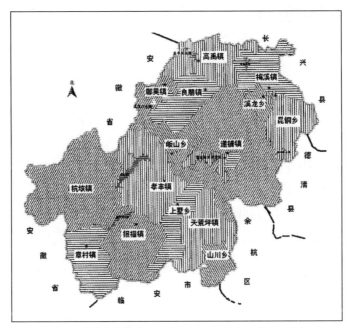

安吉白茶地理标志产品保护范围图

七、标准基本信息

本标准的基本信息如表3所示。

表3　标准基本信息

发布时间：2006-05-25　　　　实施时间：2006-11-01　　　　状态：目前现行

本标准参与单位/责任人	具体单位/责任人
提出单位	全国原产地域产品标准化工作组
归口单位	全国原产地域产品标准化工作组
主要起草单位	浙江省安吉县农业局 浙江省安吉县质量技术监督局
主要起草人	赖建红、官树春、张乐琴、杨美红

狗牯脑茶

源自GB/T 19691-2008

一、术语定义

狗牯脑茶 Gougunao tea

在狗牯脑茶地理标志产品保护范围内，采当地茶树品种或选用适宜的良种进行繁育、栽培的茶树的幼嫩芽叶，经独特的传统工艺加工而成，具有条索紧结秀丽、色泽嫩绿油润、香气清鲜幽雅、汤色杏绿清亮、滋味鲜爽浓醇、回味甘爽悠长及叶底鲜活明亮等主要品质特征的绿茶。

条索紧结秀丽　色泽嫩绿油润　香气清鲜幽雅

汤色杏绿清亮　滋味鲜爽浓醇　回味甘爽悠长　叶底鲜活明亮

二、产品分级

狗牯脑茶按产品质量分为特供特级（俗称"特贡"）、贡品特级（俗称"贡品"）、珍品特级（俗称"珍品"）、特级、壹级、统级六个等级。

三、鲜叶质量要求、分级要求

特供特级鲜叶为清明前单芽，贡品特级鲜叶为谷雨前单芽，珍品特级鲜叶为立夏前一芽一叶初展，特级鲜叶为立夏前一芽一叶开展，壹级、统级鲜叶为清明至处暑时节一芽二叶开展同等嫩度的对夹叶。每批采下的鲜叶嫩度、匀度、净度、鲜度应基本一致。

四、产品感官品质特征

各级狗牯脑茶的感官指标应符合表1的要求。

表1　狗牯脑茶的感官指标

级别	项目							
	外形				内质			
	条索	色泽	整碎	净度	香气	滋味	汤色	叶底
特供特级	细嫩微卷、匀整纤秀	嫩绿披毫	匀整	洁净	嫩香高锐、带花香	鲜醇甘甜	杏绿明亮	嫩绿鲜活
贡品特级	细紧微卷、匀整	黛绿多毫	匀整	洁净	清香高郁、尚有花香	鲜醇回甘	杏绿明亮	嫩绿匀齐

续表

级别	项目							
	外形				内质			
	条索	色泽	整碎	净度	香气	滋味	汤色	叶底
珍品特级	细紧微卷、整齐	绿润	匀整	洁净	清香持久	鲜浓爽口	黄绿明亮	黄绿匀整
特级	紧结卷曲、尚匀整	尚绿润	匀整	洁净	清香	醇厚回甘	黄绿明亮	黄绿完整
壹级	紧实卷曲	黄绿	尚匀整	尚净	尚清香	浓厚	绿黄尚亮	绿黄完整
统级	壮实卷曲	墨绿	尚匀整	尚净	纯正	尚浓厚	黄尚亮	绿黄尚整

五、产品理化指标

狗牯脑茶的理化指标如表2所示。

表2　狗牯脑茶的理化指标

项目	指标
水分/%（质量分数） ≤	6.5
粉末/%（质量分数） ≤	1.0
总灰分/%（质量分数） ≤	6.5
水浸出物/%（质量分数） ≥	38.0
粗纤维/%（质量分数） ≤	14.0
水溶性灰分（占总灰分）/%（质量分数） ≥	45.0
酸不溶性灰分/%（质量分数） ≤	1.0
水溶性灰分碱度（以KOH计）/%（质量分数）	1.0~3.0

六、地理标志产品保护范围

狗牯脑茶地理标志产品保护范围限于江西省遂川县现辖行政区域。

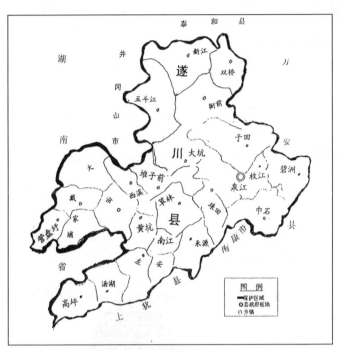

狗牯脑茶地理标志产品保护范围图

七、标准基本信息

本标准的基本信息如表3所示。

表3 标准基本信息

发布时间：2008-06-03　　　　实施时间：2008-12-01　　　　状态：目前现行

本标准参与单位/责任人	具体单位/责任人
提出单位	全国原产地域产品标准化工作组
归口单位	全国原产地域产品标准化工作组
主要起草单位	江西省标准化协会 遂川县狗牯脑茶厂
主要起草人	余国平、胡奕浓、涂建、郭长生

崂山绿茶

源自GB/T 26530-2011

一、术语定义

崂山绿茶 Laoshan green tea

在崂山绿茶地理标志产品保护范围内，选用适宜的茶树品种进行繁育和栽培的茶树的鲜叶，用特有的工艺加工制作而成，具有"叶片厚、豌豆香、滋味浓、耐冲泡"品质特征的绿茶。

二、产品分类、等级和实物标准样

（一）分类

崂山绿茶产品按鲜叶采摘季节分为春茶、夏茶、秋茶；按鲜叶原料和加工要求的不同，分为卷曲型绿茶和扁形绿茶两类。

（二）等级

按感官品质分为特级、一级、二级、三级四个等级。

（三）实物标准样

各等级产品设一个实物标准样，样品每三年更换一次。

三、产品感官品质特征

产品应无劣变，无异味，无非茶类夹杂物、添加剂。卷曲形绿茶的感官指标应符合表1的规定，扁形绿茶的感官指标应符合表2的规定。

表1 崂山绿茶（卷曲形）的感官指标

等级	外形				内质			
	条索	色泽	整碎	净度	香气	汤色	滋味	叶底
特级	肥嫩紧结、显锋苗	绿润	匀整	匀净	豌豆香	嫩绿明亮	鲜醇	嫩绿明亮
一级	紧实、有锋苗	绿润	匀整	洁净	清香	黄绿明亮	醇厚	黄绿明亮
二级	紧实	墨绿	匀、尚整	尚洁净	栗香	黄绿明亮	醇正	黄绿尚亮
三级	尚紧实	墨绿	尚匀整	尚净	纯正	黄尚亮	尚醇正	暗绿

表2 崂山绿茶（扁形）的感官指标

等级	外形				内质			
	形状	色泽	整碎	净度	香气	汤色	滋味	叶底
特级	扁平、光润、挺直	绿润	匀整	匀净	豌豆香	嫩绿明亮	鲜醇	嫩绿明亮
一级	扁平、挺直	绿润	匀整	洁净	栗香	黄绿明亮	醇厚	黄绿明亮
二级	扁平	墨绿	匀、尚整	尚洁净	栗香	黄绿明亮	醇正	黄绿明亮
三级	扁平	墨绿	尚匀整	尚净	纯正	黄尚亮	尚醇正	暗绿

四、产品理化指标

崂山绿茶的理化指标如表3所示。

表3 崂山绿茶的理化指标

项目		指标
水分/%（质量分数）	≤	7.0
水浸出物/%（质量分数）	≥	37.0
总灰分/%（质量分数）	≤	7.0
碎末茶/%（质量分数）	≤	5.0
粗纤维/%（质量分数）	≤	16.0
游离氨基酸总量/%（质量分数）		春茶特级和一级≥3.0

五、地理标志产品保护范围

崂山绿茶地理标志产品保护范围限青岛市崂山区的中韩街道、沙子口街道、王哥庄街道、北宅街道现辖行政区域。

崂山绿茶地理标志产品保护范围图

六、标准基本信息

本标准的基本信息如表4所示。

表4　标准基本信息

发布时间：2011-05-12　　　　实施时间：2011-11-01　　　　状态：目前现行

本标准参与单位/责任人	具体单位/责任人
归口单位	全国原产地域产品标准化工作组（SAC/WG 4）
主要起草单位	青岛万里江茶业有限公司 青岛北方茶叶研究所 青岛市崂山区质量协会 青岛市崂山区科学技术局 青岛市崂山区农林局
主要起草人	江崇焕、彭正云、姜星、张勇、汪东风、谭秀娟、林志恩、边全宝

中国茶叶 产品标准

洞庭（山）碧螺春茶

源自 GB/T 18957-2008

一、术语定义

洞庭（山）碧螺春茶 Dongting（mountain）Biluochun tea

在洞庭（山）碧螺春茶地理标志产品保护范围内，采自传统茶树品种或选用适宜的良种进行繁育、栽培的茶树的幼嫩芽叶，经独特的工艺加工而成，具有"纤细多毫，卷曲呈螺，嫩香持久，滋味鲜醇，回味甘甜"主要品质特征的绿茶。

纤细多毫　卷曲呈螺　嫩香持久　滋味鲜醇　回味甘甜

二、产品等级和实物标准样

洞庭（山）碧螺春茶按产品质量分为特级一等、特级二等、一级、二级、三级。

各等级设一个实物标准样，实物标准样为该级品质最低界限，每三年换样一次。

三、鲜叶质量要求

鲜叶质量要求：一芽一叶初展，一芽一叶，一芽二叶初展，一芽二叶。每批采下的鲜叶嫩度、匀度、净度、新鲜度应基本一致。

四、产品感官品质特征

各级洞庭（山）碧螺春茶不得含有非茶类夹杂物，不着色，不添加任何香味物质，无异味，无霉变。

各级洞庭（山）碧螺春茶感官品质应符合实物标准样。

各级洞庭（山）碧螺春茶的感官指标应符合表1的规定。

表1　洞庭（山）碧螺春茶的感官指标

级别	外形				内质			
	条索	色泽	整碎	净度	香气	滋味	汤色	叶底
特级一等	纤细、卷曲呈螺、满身披毫	银绿隐翠鲜润	匀整	洁净	嫩香清鲜	清鲜甘醇	嫩绿鲜亮	幼嫩多芽、嫩绿鲜活
特级二等	较纤细、卷曲呈螺、满身披毫	银绿隐翠较鲜润	匀整	洁净	嫩香清鲜	清鲜甘醇	嫩绿鲜亮	幼嫩多芽、嫩绿鲜活
一级	尚纤细、卷曲呈螺、白毫披覆	银绿隐翠	匀整	匀净	嫩爽清香	鲜醇	绿明亮	嫩、绿明亮
二级	紧细、卷曲呈螺、白毫显露	绿润	匀尚整	匀、尚净	清香	鲜醇	绿尚明亮	嫩、略含单张、绿明亮

续表

级别	外形				内质			
	条索	色泽	整碎	净度	香气	滋味	汤色	叶底
三级	尚紧细、尚卷曲呈螺、尚显白毫	尚绿润	尚匀整	尚净、有单张	纯正	醇厚	绿尚明亮	尚嫩、含单张、绿尚亮

五、产品理化指标

洞庭（山）碧螺春茶的理化指标如表2所示。

表2 洞庭（山）碧螺春茶的理化指标

项目		指标
水分/%	≤	7.5
总灰分/%	≤	6.5
水浸出物/%	≥	34.0
粗纤维/%	≤	14.0

六、地理标志产品保护范围

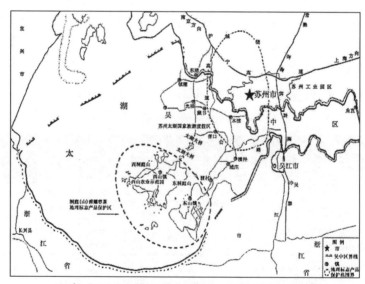

洞庭（山）碧螺春茶地理标志产品保护范围图

注：西山镇于2007年5月更名为金庭镇。

七、标准基本信息

本标准的基本信息如表3所示。

表3　标准基本信息

发布时间：2008-07-31　　　　　实施时间：2008-11-01　　　　　状态：目前现行

本标准参与单位/责任人	具体单位/责任人
提出单位	全国原产地域产品标准化工作组
归口单位	全国原产地域产品标准化工作组
主要起草单位	苏州市吴中区洞庭山碧螺春茶业协会 苏州洞庭山碧螺春茶地理标志产品保护办公室 苏州市洞庭山碧螺春茶业有限公司
主要起草人	章无畏、谢燮清、汤泉、沈华明、季小明、马国梁

龙井茶

源自 GB/T 18650-2008

一、术语定义

龙井茶 Longjing tea

在龙井茶地理标志产品保护范围内采摘的龙井群体、龙井43、龙井长叶、迎霜、鸠坑种等经审（认）定的适宜加工龙井茶的茶树良种的鲜叶，按照传统工艺在地理标志产品保护范围内加工而成，具有"色绿、香郁、味醇、形美"特征的扁形绿茶。

二、产品分级

龙井茶按照感官品质分为特级、一级、二级、三级、四级、五级。

色绿　　香郁　　味醇　　形美

三、鲜叶采摘、质量要求、分级要求

（一）鲜叶采摘

1. 开采要求：当茶树蓬面每平方米有10～15个茶芽符合鲜叶质量要求时即可开采。

2. 间隔时间：春茶每日或隔日采，夏茶和秋茶间隔期可适当延长。

3. 采摘方法：分批分次，提手采摘，不得掐采、捋采、抓采和带老叶杂物采摘。

（二）鲜叶质量要求、分级要求

芽叶完整，色泽鲜绿，匀净。用于同批次加工的鲜叶，其嫩度、匀度、净度、新鲜度应基本一致。鲜叶质量分为特级、一级、二级、三级、四级，应符合表1的要求。低于四级的以及劣变鲜叶不得用于加工龙井茶。

表1　茶鲜叶质量分级要求

等级	要求
特级	一芽一叶初展，芽叶夹角度小，芽长于叶，芽叶匀齐肥壮，芽叶长度不超过2.5cm
一级	一芽一叶至一芽二叶初展，以一芽一叶为主，一芽二叶初展在10%以下，芽稍长于叶，芽叶完整、匀净，芽叶长度不超过3cm
二级	一芽一叶至一芽二叶，一芽二叶在30%以下，芽与叶长度基本相当，芽叶完整，芽叶长度不超过3.5cm
三级	一芽二叶至一芽三叶初展，以一芽二叶为主，一芽三叶不超过30%，叶长于芽，芽叶完整，芽叶长度不超过4cm
四级	一芽二叶至一芽三叶，一芽三叶不超过50%，叶长于芽，有部分嫩的对夹叶，长度不超过4.5cm

四、产品感官品质特征

各级龙井茶的感官品质应符合表2的要求。

表2 各级龙井茶的感官品质要求

项目	特级	一级	二级	三级	四级	五级
外形	扁平光润，挺直尖削，嫩绿鲜润，匀整重实，匀净	扁平光滑，尚润，挺直，尚嫩绿尚鲜润，匀整有锋，洁净	扁平挺直，尚光滑，绿润，匀整，尚洁净	扁平，尚光滑，尚挺直，尚绿润，尚匀整，尚洁净	扁平，稍有宽扁条，绿稍深，尚匀，稍有青黄片	尚扁平，有宽扁条，深绿较暗，尚整，有青壳碎片
香气	清香持久	清香尚持久	清香	尚清香	纯正	平和
滋味	鲜醇甘爽	鲜醇爽口	尚鲜	尚醇	尚醇	尚纯正
汤色	嫩绿明亮，清澈	嫩绿明亮	绿明亮	尚绿明亮	黄绿明亮	黄绿
叶底	芽叶细嫩成朵，匀齐，嫩绿明亮	细嫩成朵，嫩绿明亮	尚细嫩成朵，绿明亮	尚成朵，有嫩单片，浅绿尚明亮	尚嫩匀，稍有青张，尚绿明	尚嫩欠匀，稍有青张，绿稍深
其他要求	无霉变，无劣变，无污染，无异味					
	产品洁净，不得着色，不得夹杂非茶类物质，不含任何添加剂					

五、产品理化指标

龙井茶的理化指标应符合表3的规定。

表3 龙井茶的理化指标

项目		特级、一级、二级	三级、四级、五级
水分/%	≤	6.5	7.0
总灰分/%	≤	6.5	7.0
水浸出物/%	≥	36.0	
粉末和碎茶/%	≤	1.0	

六、地理标志产品保护范围

龙井茶地理标志产品保护范围：杭州市西湖区（西湖风景名胜区）现辖行政区域为西湖产区；杭州市萧山、滨江、余杭、富阳、临安、桐庐、建德、淳安等县（市、区）现辖行政区域为钱塘产区；绍兴市绍兴、越城、新昌、嵊州、诸暨等县（市、区）现辖行政区域以及上虞、磐安、东阳、天台等县（市）现辖部分乡镇区域为越州产区。

七、标准基本信息

本标准的基本信息如表4所示。

表4 标准基本信息

发布时间：2008-07-15　　　实施时间：2008-10-01　　　状态：目前现行

本标准参与单位/责任人	具体单位/责任人
提出单位	全国原产地域产品标准化工作组
归口单位	全国原产地域产品标准化工作组
主要起草单位	浙江省农业厅经济作物管理局 农业农村部茶叶质量监督检验测试中心 浙江省供销合作总社 浙江大学 杭州西湖龙井茶商会 新昌县名茶协会
主要起草人	毛祖法、陆德彪、刘新、王金贤、龚淑英、戚国伟、赵玉汀、王春霞

黄山毛峰茶

源自GB/T 19460-2008

一、术语定义

黄山毛峰茶 Huangshan maofeng tea

在黄山毛峰茶地理标志产品保护范围内特定的自然生态环境条件下，选用黄山种、槠叶种、滴水香、茗洲种等地方良种茶树和从中选育的良种茶树的芽叶，经特有的加工工艺制作而成，具有"芽头肥壮、香高持久、滋味鲜爽回甘、耐冲泡"的品质特征的绿茶。

芽头肥壮　　香高持久　　滋味鲜爽回甘　　耐冲泡

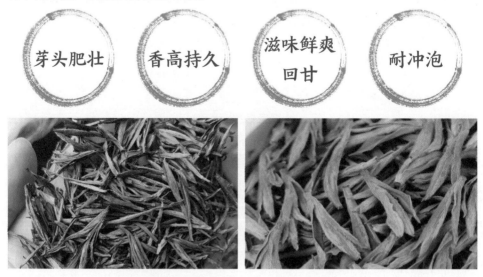

二、产品分级和实物标准样

黄山毛峰茶按感官品质分为特级、一级、二级、三级，其中特级分一、

二、三等。

黄山毛峰茶每级设一个实物标准样，每三年换样一次。特级实物标准样设在二等。实物标准样的制备应符合GB/T 18795的规定。

三、鲜叶质量要求

黄山毛峰茶制作采用黄山种、楮叶种、滴水香、茗洲种等地方群体茶树良种和从中选育的无性系良种茶树的幼嫩新梢为原料，要求无劣变或异味，无非茶类夹杂物。

四、产品感官品质特征

（一）通用要求

具有该茶类应有的品质，无劣变，无异味，不得含有非茶类夹杂物，不得使用添加剂。

（二）感官指标

各等级黄山毛峰茶的感官指标应符合表1的规定。

表1 各等级黄山毛峰茶的感官指标

级别	外形	内质			
		香气	汤色	滋味	叶底
特级一等	芽头肥壮，匀齐，形似雀舌，毫显，嫩绿泛象牙色，有金黄片	嫩香馥郁持久	嫩绿清澈鲜亮	鲜醇爽回甘	嫩黄，匀亮鲜活
特级二等	芽头较肥壮，较匀齐，形似雀舌，毫显，嫩绿润	嫩香高长	嫩绿清澈明亮	鲜醇爽	嫩黄，明亮
特级三等	芽头尚肥壮，尚匀齐，毫显，绿润	嫩香	嫩绿明亮	较鲜醇爽	嫩黄，明亮
一级	芽头肥壮，匀齐隐毫，条微卷，绿润	清香	嫩黄绿亮	鲜醇	较嫩匀，黄绿亮
二级	芽叶较肥壮，较匀整，条微卷，显芽毫，较绿润	清香	黄绿亮	醇厚	尚嫩匀，黄绿亮
三级	芽叶尚肥壮，条略卷，尚匀，尚绿润	清香	黄绿尚亮	尚醇厚	尚匀，黄绿

五、产品理化指标

黄山毛峰茶的理化指标如表2所示。

表2 黄山毛峰茶的理化指标

项目		指标
水分/%	≤	6.5
粉末/%	≤	0.5
总灰分/%	≤	6.5
水浸出物/%	≥	35.0

六、地理标志产品保护范围

黄山毛峰茶地理标志产品保护范围限于现安徽省黄山市管辖的行政区域内屯溪区、黄山区、徽州区、歙县、休宁县、祁门县、黟县的产茶乡镇。

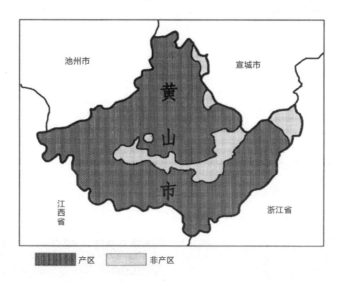

黄山毛峰茶地理标志产品保护范围图

七、标准基本信息

本标准的基本信息如表3所示。

表3　标准基本信息

发布时间：2008-06-03　　　　实施时间：2008-12-01　　　　状态：目前现行

本标准参与单位/责任人	具体单位/责任人
提出单位	全国原产地域产品标准化工作组
归口单位	全国原产地域产品标准化工作组
主要起草单位	黄山市茶叶学会 黄山市谢裕大茶业股份有限公司 黄山市光明茶业有限公司 黄山市歙县汪满田茶场 黄山市黟县五溪山茶厂有限公司
主要起草人	顾家雯、程坚、蒋震华、黄利义、汪麟

蒸青茶

源自GB/T 14456.6-2016

一、术语定义

蒸青茶 steamed green tea

以茶树的鲜叶、嫩茎为原料，经蒸汽杀青、揉捻、干燥、成型等工序制成的绿茶产品。

二、产品分级

产品依据感官品质分为特级、一级、二级、三级、四级、五级和片茶。

三、产品感官品质特征

各级蒸青茶的感官品质特征如表1所示。

表1　各级蒸青茶的感官品质特征

级别	外形				内质			
	条索	色泽	整碎	净度	香气	滋味	汤色	叶底
特级	紧直	绿润	匀整	稍有嫩片	清香	鲜醇	绿明亮	嫩匀
一级	扁直	绿尚润	匀整	稍有嫩茎片	尚清香	醇和	绿、尚明	嫩尚匀
二级	尚扁直	绿	尚匀整	有嫩茎片	纯正	尚醇和	绿	尚嫩
三级	稍粗松	绿稍枯	尚匀	稍有朴片	尚纯正	平和	绿欠明	欠匀
四级	稍粗松	枯	欠匀	有朴片	尚纯	尚平和	绿稍暗	欠匀、稍粗
五级	较粗松	枯暗	欠匀、有碎片	朴片较多	稍粗	稍淡	绿稍暗、带黄	较粗、稍暗
片茶	片、带细筋	绿	欠匀、多碎片	稍飘	尚纯	淡涩	浅绿	稍粗、欠匀

四、产品理化指标

蒸青茶的理化指标应符合表2的规定。

表2　蒸青茶的理化项目和指标

项目		指标		
		特级、一级、二级	三级、四级、五级	片茶
水分/%（质量分数）	≤	7.0		
总灰分/%（质量分数）	≤	7.5		
碎茶和粉末/%（质量分数）	≤	3.0	6.0	—
水浸出物/%（质量分数）	≥	36.0	34.0	32.0
粗纤维/%（质量分数）	≤	16.5		

续表

项目		指标		
		特级、一级、二级	三级、四级、五级	片茶
酸不溶性灰分/%（质量分数）	≤	1.0		
水溶性灰分，占总灰分/%（质量分数）	≥	45		
水溶性灰分碱度（以KOH计)/%（质量分数）		≥1.0*；≤3.0*		
茶多酚/%（质量分数）	≥	14	12	11
儿茶素/%（质量分数）	≥	9	8	7

注：粗纤维、酸不溶性灰分、水溶性灰分、水溶性灰分碱度为参考指标。

*当以每100g磨碎样品的毫克当量表示水溶性灰分碱度时，其限量为：最小值17.8；最大值53.6。

五、标准基本信息

本标准的基本信息如表3所示。

表3 标准基本信息

发布时间：2016-06-14　　　　　　实施时间：2017-01-01　　　　　　状态：目前现行

本标准参与单位/责任人	具体单位/责任人
提出单位	中华全国供销合作总社
归口单位	全国茶叶标准化技术委员会（SAC/TC 339）
主要起草单位	杭州市余杭区径山蒸青茶业协会 中华全国供销合作总社杭州茶叶研究院 杭州市标准化研究院 杭州径林茶业有限公司 四川省茶叶集团股份有限公司
主要起草人	屠水根、翁昆、胡剑光、余秋珠、章祥富、杜威、柴婷婷、沈红、张亚丽、秦连法、方林官、蔡红兵

蒸青煎茶

源自NY/T 785-2004

一、术语定义

蒸青煎茶 Sencha

以茶树鲜叶为原料，经过蒸汽杀青—冷却—粗揉—揉捻—中揉—精揉—烘干工艺加工而成的茶叶产品。

二、产品分级

蒸青煎茶按感官品质高低，分为六个级别：特级、一级、二级、三级、四级、五级。

三、产品感官品质特征

蒸青煎茶的感官品质应符合表1的规定。

表1　蒸青煎茶的感官品质

级别	外形	内质			
		香气	滋味	汤色	叶底
特级	多嫩芽、绿润、细紧挺削、匀净	嫩香持久	浓醇鲜	嫩绿清澈、明亮	嫩绿明亮、匀净
一级	嫩芽较多、尚绿润、紧直、稍有嫩茎	清香	尚鲜爽	黄绿明亮	尚嫩绿明亮
二级	有嫩叶、黄绿尚润、扁直、有嫩茎片	纯正	醇和	黄绿尚明	黄绿尚明
三级	稍有老叶、黄绿稍枯、稍粗松、有梗朴片	尚纯	尚平和	黄绿欠明	尚黄绿

续表

级别	外形	内质			
		香气	滋味	汤色	叶底
四级	老叶较多、黄枯稍暗、较粗松、黄朴片较多	有粗气	稍淡	黄稍暗	粗老稍暗
五级	多老叶、黄枯较暗、粗松、老梗朴片较多	粗老气	粗老气	粗淡	粗老色暗

四、产品理化指标

蒸青煎茶的理化指标应符合表2的规定。

表2 蒸青煎茶的理化指标

项目		指标
水分/%	≤	7.0
总灰分/%	≤	6.5
水浸出物/%	≥	34.0

五、标准基本信息

本标准的基本信息如表3所示。

表3 标准基本信息

发布时间：2004-04-16　　　　实施时间：2004-06-01　　　　状态：目前现行

本标准参与单位/责任人	具体单位/责任人
提出单位	中华人民共和国农业农村部
主要起草单位	浙江省农业厅经济作物管理局 农业农村部茶叶质量监督检验测试中心 浙江三明茶业有限公司 浙江绍兴御茶村茶业有限公司 绍兴县林业局
主要起草人	毛祖法、陆德彪、黄婺、鲁成银、陈席卿、陈国荣、金银永

紫笋茶

源自 NY/T 784-2004

一、产品分级和实物标准样

紫笋茶产品分特级、一级、二级、三级等四个等级。

产品的每一等级设立实物标准样，每三年更换一次实物标准样。

二、产品感官品质特征

各级产品的感官品质特征应符合表1的要求。

表1　各级紫笋茶的感官品质要求

级别	外形			内质			
	条索	整碎	色泽	香气	滋味	汤色	叶底
特级	紧直细嫩	匀整	翠绿	清香持久	鲜爽	嫩绿明亮	嫩匀、绿明亮
一级	紧直略扁	匀整	绿润	清高	鲜醇	绿明亮	尚嫩匀、绿明亮
二级	直略扁	尚匀整	绿尚润	高	醇厚	绿尚亮	绿尚亮
三级	尚扁直	尚匀	绿	尚高	浓厚	绿尚亮	尚绿

三、产品理化指标

紫笋茶的理化指标应符合表2的要求。

表2　紫笋茶的理化指标

项目		指标
水分/%	≤	6.5
总灰分/%	≤	6.5
碎末茶/%	≤	2.0
水浸出物/%	≥	36.0
粗纤维/%	≤	14.0

四、标准基本信息

本标准的基本信息如表3所示。

表3　标准基本信息

发布时间：2004-04-16　　　　　　实施时间：2004-06-01　　　　　状态：目前现行

本标准参与单位/责任人	具体单位/责任人
提出单位	中华人民共和国农业农村部
主要起草单位	浙江省农业厅经济作物管理局 浙江省长兴县农业局
主要起草人	毛祖法、罗列万、俞燎远、吴建华、是晓红、何忠民、刘政

洞庭春茶

源自NY/T 783-2004

一、术语定义

洞庭春茶 dongtingchun tea

选用适制的茶树品种的幼嫩芽叶，经独特的加工工艺制作而成，以紧结微曲多毫，色泽翠绿，香气鲜浓持久，滋味醇厚鲜爽，汤色清澈明净为主要品质特征的绿茶。

二、产品分类和实物标准样

洞庭春茶按鲜叶原料和外形特征分为三个品名。

洞庭春芽：用未展叶的芽头加工，白毫满披、隐翠的全芽形绿茶。

洞庭春毫：用一芽一叶为主要原料加工，茸毫满披、隐绿的微卷曲形绿茶。

洞庭春翠：用一芽二叶为主要原料加工，翠绿、显毫的微曲形绿茶。

各品名洞庭春茶设1个实物标准样。实物标准样为该产品品质的最低界限。由省农业和省质量技术监督部门对实物标准样审查封签。每隔两年定期更换。

三、产品感官品质特征

各品名洞庭春茶的感官品质应符合实物标准样茶的品质特征。对外贸易应符合双方合同规定的成交样茶。

各品名洞庭春茶的感官品质应符合表1的要求。

表1 洞庭春茶的感官品质

品名	外形			内质			
	形态	色泽	含毫量	香气	滋味	汤色	叶底
洞庭春芽	全芽肥壮、整齐、匀净	隐翠	白毫满披	毫香清鲜	鲜纯回甘	浅绿明亮	全芽肥壮嫩绿匀亮
洞庭春毫	条索略卷曲、肥壮、匀净	隐绿	茸毫披露	带毫香	鲜醇	嫩黄绿亮	芽叶幼嫩嫩绿匀亮
洞庭春翠	条索略曲、显芽较肥壮、匀净	翠绿	显毫	嫩香带栗香	醇爽	黄绿明亮	芽叶嫩嫩匀绿亮

四、产品理化指标

各品名洞庭春茶的理化品质应符合表2的规定。

表2 洞庭春茶的理化指标

项目		指标（%）（m/m）		
		洞庭春芽	洞庭春毫	洞庭春翠
水分	≤	6.5		
总灰分	≤	6.0		6.5
水浸出物	≥	34.0		
粗纤维	≤	13.0		
茶多酚	≥	23.0		
氨基酸	≥	3.0		

五、标准基本信息

本标准的基本信息如表3所示。

表3　标准基本信息

发布时间：2004-04-16　　　　　　实施时间：2004-06-01　　　　　　状态：目前现行

本标准参与单位/责任人	具体单位/责任人
提出单位	中华人民共和国农业农村部
主要起草单位	湖南省农业厅 湖南农业大学 农业农村部茶叶质量检测中心 岳阳县黄沙街茶叶示范场
主要起草人	童小麟、周跃斌、肖菊香、刘栩、胡耀龙、廖振坤、邹礼仁、刘忠新

开化龙顶茶

源自GH/T 1276-2019

一、术语定义

开化龙顶茶 Kaihua Longding Tea

以开化县境内的鸠坑系列、翠峰等茶树品种的鲜叶为原料，经杀青、初烘、理条、复烘、提香等工艺加工的，具有"嫩绿挺秀、香高味醇"品质特征的芽形和条形绿茶。

嫩绿挺秀　　香高味醇

二、产品分类、等级和实物标准样

开化龙顶茶根据鲜叶嫩度分为芽形和条形。开化龙顶茶（芽形）采用单芽的鲜叶原料加工。开化龙顶茶（条形）采用一芽一叶初展到一芽二叶的鲜叶原料加工。

开化龙顶茶（芽形）等级分为：特级、一级、二级。

开化龙顶茶（条形）等级分为：特级、一级、二级。

实物标准样按茶叶标准样品制备技术条件的规定制作，每三年配换一次。

三、产品感官品质特征

开化龙顶茶（芽形）的感官品质应符合表1的规定。

表1　开化龙顶茶（芽形）的感官品质

级别	项目				
	外形	汤色	香气	滋味	叶底
特级	芽头匀整、紧直挺秀、嫩绿鲜润	浅绿、清澈明亮	嫩香馥郁	鲜醇甘爽	肥壮匀齐、嫩绿明亮
一级	芽头较匀整、细紧挺秀、嫩绿润	浅绿明亮	嫩香持久	鲜醇爽口	匀齐、嫩绿明亮
二级	芽头尚匀、紧直、绿尚润	浅绿、尚明亮	嫩香	鲜醇浓爽	尚匀、绿亮

开化龙顶茶（条形）的感官品质应符合表2的规定。

表2　开化龙顶茶（条形）的感官品质

级别	项目				
	外形	汤色	香气	滋味	叶底
特级	紧直挺秀、匀齐、色泽绿翠润	嫩绿明亮	鲜嫩、香高持久	鲜醇甘爽	嫩匀成朵、嫩绿明亮
一级	细紧挺秀、较匀齐、色泽绿翠	较嫩绿、明亮	清香持久	醇厚爽口	嫩匀、绿明亮
二级	条索紧结、尚匀、色泽绿尚润	绿明亮	清香	醇厚	嫩尚匀、绿尚亮

四、产品理化指标

开化龙顶茶的理化指标应符合表3的规定。

表3　开化龙顶茶的理化指标

项目		指标
水分/%	≤	6.5
总灰分（以干物质计）/%	≤	6.5
水浸出物/%（质量分数）	≥	35.0

五、标准基本信息

本标准的基本信息如表4所示。

表4　标准基本信息

发布时间：2019-11-28　　　　　　实施时间：2020-03-01　　　　　　状态：目前现行

本标准参与单位/责任人	具体单位/责任人
提出单位	中华全国供销合作总社
归口单位	全国茶叶标准化技术委员会（SAC/TC 339）
主要起草单位	浙江省农业技术推广中心 中华全国供销合作总社杭州茶叶研究院 开化县农业农村局 开化县龙顶名茶协会 浙江省茶叶研究院
主要起草人	俞燎远、翁昆、余书平、吴荣梅、胡金寿、宋米和、陈祖明、刘栩、姚东、张亚丽

西湖龙井茶

源自 GH/T 1115-2015

一、术语定义

西湖龙井茶 xihu longjing tea

以杭州市西湖风景名胜区和西湖区所辖区域内的龙井群体、龙井43、龙井长叶茶树品种的芽叶为原料，采用传统的摊青、青锅、辉锅等工艺在当地加工而成的，具有"色绿、香郁、味甘、形美"品质特征的扁形绿茶。

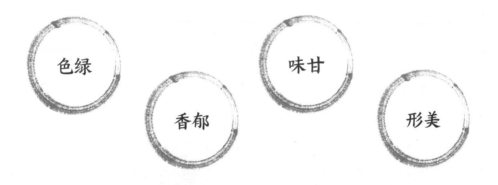

二、产品等级和实物标准样

西湖龙井茶的产品等级依据感官品质要求分为：精品、特级、一级、二级、三级。

各等级产品均设置实物标准样，为每个级别的最低标准，每三年配换一次。

三、产品感官品质特征

西湖龙井茶的感官品质应符合表1的规定。

表1　各级西湖龙井茶的感官品质

级别	外形				内质			
	条索	整碎	色泽	净度	香气	滋味	汤色	叶底
精品	扁平光滑、挺秀尖削、芽锋显露	匀齐	嫩绿、鲜润	洁净	嫩香馥郁、持久	鲜醇甘爽	嫩绿鲜亮、清澈	幼嫩成朵、匀齐、嫩绿鲜亮
特级	扁平光润、挺直尖削	匀齐	嫩绿、鲜润	匀净	清香持久	鲜醇甘爽	嫩绿明亮、清澈	细嫩成朵、匀齐、嫩绿明亮
一级	扁平光润、挺直	匀整	嫩绿、尚鲜润	洁净	清高、尚持久	鲜醇爽口	嫩绿明亮	细嫩成朵、嫩绿明亮
二级	扁平、尚光滑挺直	匀整	绿润	较洁净	清香	尚鲜	绿明亮	尚细嫩成朵、绿明亮
三级	扁平、尚光滑、尚挺直	尚匀整	尚绿润	尚洁净	尚清香	尚醇	尚绿明亮	尚成朵、有嫩单片、浅绿尚明亮

四、理化指标

西湖龙井茶的理化指标应符合表2的规定。

表2　西湖龙井茶的理化指标

项目		指标
水分/%（质量分数）	≤	6.5
水浸出物/%（质量分数）	≥	36.0
总灰分/%（质量分数）	≤	6.5
粉末/%（质量分数）	≤	1.0

五、地理标志产品保护范围

西湖龙井茶生产区域范围图

六、标准基本信息

本标准的基本信息如表3所示。

表3　标准基本信息

发布时间：2015-12-30　　　　实施时间：2016-06-01　　　　状态：目前现行

本标准参与单位/责任人	具体单位/责任人
提出单位	中华全国供销合作总社
归口单位	全国茶叶标准化技术委员会（SAC/TC 339）
主要起草单位	中华全国供销合作总社杭州茶叶研究院 杭州市标准化研究院 杭州西湖龙井茶叶有限公司 杭州茶厂有限公司 杭州顶峰茶业有限公司 杭州西湖龙井茶产业协会 中国农业科学院茶叶研究所 杭州艺福堂茶业有限公司 杭州三和萃茶叶科技有限公司
主要起草人	翁昆、许燕君、沈红、戚国伟、周美英、胡醒、肖强、商建农、林长安、王洪江、李晓军、石碧鹏

径山茶

源自 GH/T 1127-2016

一、术语定义

径山茶 Jingshan tea

以杭州市余杭区境内特定区域内的适制径山茶的茶树品种的茶鲜叶为原料，经特定工艺加工而成的具有细紧卷曲、色泽绿翠、香高味鲜、叶底嫩匀品质特征的绿茶产品。

 细紧卷曲   色泽绿翠   香高味鲜   叶底嫩匀

二、产品分级

径山茶产品等级依据感官品质要求分为特级、一级、二级、三级。

三、产品质量感官特征

径山茶的感官品质应符合表1的规定。

表1　各级径山茶的感官品质

级别	外形				内质			
	条索	整碎	色泽	净度	香气	滋味	汤色	叶底
特级	细紧卷曲	匀整	绿润	匀净	嫩香	鲜爽甘醇	嫩绿明亮	细嫩、绿明亮

续表

级别	外形				内质			
	条索	整碎	色泽	净度	香气	滋味	汤色	叶底
一级	紧细卷曲	匀整	绿润	较匀净	尚嫩香	鲜醇	绿明亮	嫩匀、绿明亮
二级	紧结卷曲	尚匀整	绿	尚匀净	清香	醇厚	绿明亮	尚嫩匀、绿明亮
三级	尚紧结卷曲	欠匀	绿	尚净	尚清香	尚醇厚	尚绿明亮	尚嫩、绿亮、稍带青张

四、理化指标

径山茶的理化指标应符合表2的规定。

表2　径山茶的理化指标

项目		指标
水分/%（质量分数）	≤	6.5
水浸出物/%（质量分数）	≥	35.0
总灰分/%（质量分数）	≤	6.5

五、地理标志产品保护范围

径山茶产区为：杭州市余杭区所辖的百丈镇、鸬鸟镇、黄湖镇、径山镇、瓶窑镇、良渚镇、余杭镇、闲林镇、中泰乡所辖地域。

六、标准基本信息

本标准的基本信息如表3所示。

表3　标准基本信息

发布时间：2016-09-30　　　　实施时间：2016-11-01　　　　状态：目前现行

本标准参与单位/责任人	具体单位/责任人
提出单位	中华全国供销合作总社
归口单位	全国茶叶标准化技术委员会（SAC/TC 339）
主要起草单位	中华全国供销合作总社杭州茶叶研究院 杭州市余杭区径山茶业行业协会
主要起草人	胡剑光、翁昆、金国强、俞燎远、庞法松、屠水根、余秋珠、张亚丽、汪群

武阳春雨茶

源自 GH/T 1234-2018

一、术语定义

武阳春雨茶 Wuyangchunyu tea

以浙江省武义县境内特定区域适制武阳春雨茶的中小叶茶树品种的鲜叶为原料，经摊青、杀青、做形、干燥等工艺加工而成的具有特定外形（针形、卷曲形和扁形）的绿茶产品。

二、产品分类、等级

武阳春雨茶产品类型依据加工工艺分为针形、卷曲形、扁形。
每类产品依据感官品质要求分别分为特级、一级、二级。

三、产品感官品质特征

产品应有正常的色、香、味，无异味、无异嗅、无劣变。不得含有非茶类夹杂物，不着色，无任何添加剂。
各等级武阳春雨茶的感官品质应符合表1的要求。

表1 各等级武阳春雨茶的感官指标

类型	级别	外形				内质			
		条索	整碎	色泽	净度	香气	汤色	滋味	叶底
针形	特级	壮结、较挺直、显芽锋	匀整	绿翠润	匀净	花香馥郁	嫩绿明亮	浓醇甘鲜	嫩厚、绿明亮
	一级	紧直、较显芽锋	较匀整	深绿较润	尚匀净	清高有花香	较嫩绿明亮	浓爽	较嫩厚、稍带叶张、绿明亮

续表

类型	级别	外形				内质			
		条索	整碎	色泽	净度	香气	汤色	滋味	叶底
针形	二级	尚紧直、有芽锋	尚匀整	深绿尚润	尚净	尚高	较绿亮	较浓爽	尚嫩厚、绿亮、有叶张
卷曲形	特级	细紧卷曲	匀整	嫩绿润	匀净	嫩香	嫩绿明亮	甘醇	细嫩、绿明亮
	一级	较紧结、卷曲	较匀整	绿润	尚匀净	清香	绿明亮	醇爽	较嫩匀、绿明亮
	二级	尚紧、卷曲	尚匀整	较绿润	尚净	尚清高	较绿、明亮	尚醇爽	尚嫩绿亮、稍带青张
扁形	特级	扁平挺直	匀整	嫩绿润	匀净	高爽	较嫩、绿明亮	醇厚甘爽	嫩厚、绿明亮
	一级	扁平较挺直	较匀整	较绿润	尚匀净	较高爽	尚嫩、绿明亮	醇厚	较嫩匀、绿明亮
	二级	扁平较直	尚匀整	尚绿润	尚净	尚高	尚绿亮	尚醇厚	尚嫩绿亮、稍带青张

四、理化指标

武阳春雨茶的理化指标应符合表2的规定。

表2　武阳春雨茶的理化指标

项目		要求
水分/%（质量分数）	≤	6.5
水浸出物/%（质量分数）	≥	35.0
总灰分/%（质量分数）	≤	6.5
粉末/%（质量分数）	≤	1.0

五、地理标志产品保护范围

武阳春雨茶生产区域地理坐标为东经119°27′00″～119°44′38″，北纬28°30′58″～29°03′22″之间；辖17个乡镇（街道、度假区）385个行政村，面积2万公顷。

六、标准基本信息

本标准的基本信息如表3所示。

表3　标准基本信息

发布时间：2018-11-29　　　　　实施时间：2019-03-01　　　　状态：目前现行

本标准参与单位/责任人	具体单位/责任人
提出单位	中华全国供销合作总社
归口单位	全国茶叶标准化技术委员会（SAC/TC 339）
主要起草单位	浙江大学 武义县经济特产技术推广站 中华全国供销合作总社杭州茶叶研究院 浙江省农业技术推广中心 金华市经济特产技术推广站
主要起草人	龚淑英、范方媛、徐文武、周小芬、翁昆、陆德彪、金晶、 祝凌平、罗文文、郭昊蔚、张亚丽

天目青顶茶

源自 GH/T 1128–2016

一、术语定义

天目青顶茶 Tianmuqingding tea

以杭州市临安区特定区域内的适制茶树品种的鲜叶为原料，经特定工艺加工而成的具有外形挺秀、清香馥郁、鲜醇爽口、叶底成朵品质特征的绿茶产品。

外形挺秀　　清香馥郁　　鲜醇爽口　　叶底成朵

二、产品分级和实物标准样

天目青顶茶产品等级依据感官品质要求分为：特级、一级、二级。

实物标准样为每个级的最低标准，每三年配换一次。

三、产品质量要求

品质正常，无异味、无异嗅、无劣变。不得含有非茶类夹杂物，不着色，无任何添加剂。

四、产品感官质量特征

各等级天目青顶茶的感官品质应符合表1的规定。

表1 各等级天目青顶茶的感官品质

级别	外形				内质			
	条索	整碎	色泽	净度	香气	滋味	汤色	叶底
特级	挺秀略扁	匀整	嫩绿润	匀净	嫩香持久	鲜嫩爽口	清澈明亮	嫩绿明亮、芽叶成朵
一级	挺直略扁	较匀整	绿较润	较匀净	嫩香	鲜醇爽口	清澈、较明亮	嫩绿较明、芽叶成朵
二级	尚紧直	尚匀整	绿尚润	尚匀净	清香	醇爽	清澈绿明	绿明有芽

五、理化指标

天目青顶茶的理化指标应符合表2的规定。

表2 天目青顶茶的理化指标

项目		指标
水分/%（质量分数）	≤	6.5
水浸出物/%（质量分数）	≥	36.0
总灰分/%（质量分数）	≤	6.5

六、地理标志产品保护范围

天目青顶茶产区为：杭州市临安区所辖的岛石镇、龙岗镇、清冷峰镇、河桥镇、湍口镇、潜川镇、於潜镇、太阳镇、昌化镇、天目山镇、太湖源镇、高虹镇。

七、标准基本信息

本标准的基本信息如表3所示。

表3　标准基本信息

发布时间：2016-09-30　　　　　实施时间：2016-11-01　　　　　状态：目前现行

本标准参与单位/责任人	具体单位/责任人
提出单位	中华全国供销合作总社
归口单位	全国茶叶标准化技术委员会（SAC/TC 339）
主要起草单位	中华全国供销合作总社杭州茶叶研究院 杭州市临安区茶叶产业协会 杭州市临安区农业技术推广中心
主要起草人	翁昆、丁洁平、丁敏、程永祥、张亚丽、王俊奇

蒙顶甘露茶

源自 GH/T 1232-2018

一、术语定义

蒙顶甘露茶 Mengding ganlu tea

以雅安市所辖行政区域内的中小叶种春季一芽一叶以内的嫩芽叶为原料，经杀青、揉捻、做形、烘干等工序加工而成，具有"外形紧卷多毫、嫩绿色润、味醇回甘"品质特征的绿茶。

紧卷多毫　　嫩绿色润　　味醇回甘

二、产品分级和实物标准样

蒙顶甘露茶产品等级依据感官品质要求分为：特级一等、特级二等、特级三等。

各产品等级均设置实物标准样，为每个级别的最低界限，每三年更换一次。

三、鲜叶质量要求

鲜叶原料要求如下。

特级一等：单芽比例大于等于85%，一芽一叶初展比例小于等于15%。

特级二等：单芽比例大于等于50%，一芽一叶初展比例小于等于50%。

特级三等：一芽一叶初展比例大于等于50%，一芽一叶开展比例小于等于50%。

四、产品感官品质特征

蒙顶甘露茶各等级产品的感官指标应符合表1的要求。

表1　蒙顶甘露茶各等级产品的感官指标

等级	外形				内质			
	条索	嫩度	净度	色泽	香气	滋味	汤色	叶底
特级一等	紧细、匀卷	细嫩多毫	净	嫩黄鲜润	毫香馥郁	鲜嫩甘醇	杏绿鲜亮	匀整、芽头肥壮、嫩绿明亮
特级二等	细秀、匀卷	细嫩显毫	净	嫩绿鲜润	嫩香高长	鲜醇甘爽	杏绿明亮	匀整、芽头壮、嫩绿明亮
特级三等	紧结、卷曲	细嫩有毫	净	嫩绿润	清高持久	浓醇鲜爽	嫩绿明亮	尚匀整、嫩匀多芽、尚嫩绿明亮

五、理化指标

蒙顶甘露茶的理化指标应符合表2的规定。

表2　蒙顶甘露茶的理化指标

项目		特级一等	特级二等	特级三等
水分/（g/100g）	≤	7.0		
茶氨酸（质量分数）/%	≥	1.5		
总灰分/（g/100g）	≤	6.5	6.5	7.0
粉末（质量分数）/%	≤	3.0	5.0	6.0
茶多酚/茶氨酸	≤	15.0		

六、标准基本信息

本标准的基本信息如表3所示。

表3　标准基本信息

发布时间：2018-11-29　　　　实施时间：2019-03-01　　　　状态：目前现行

本标准参与单位/责任人	具体单位/责任人
提出单位	中国茶叶流通协会
归口单位	全国茶叶标准化技术委员会（SAC/TC 339）
主要起草单位	中国茶叶流通协会 国家茶叶产品质量监督检验中心（四川） 四川农业大学 雅安市茶业协会 四川蒙顶山茶业有限公司
主要起草人	魏晓惠、王庆、杜晓、申卫伟、代毅、胡国锦、廖强、胡燕、谢颖颖、杨玉玲、郑云华、李小兵、何珣、兰兴奇、于英杰、李鸿、赵彦波、蒋建

敬亭绿雪茶

源自NY/T 482-2002

一、产品分级

敬亭绿雪茶分特级、一级、二级、三级等四个质量等级。

二、产品质量要求

产品应具有敬亭绿雪茶的自然品质特征，品质应正常，无劣变，无异味。

产品应洁净，不得含有非茶类夹杂物，不着色，不添加任何人工合成的化学物质和香味物质。

三、产品感官品质特征

敬亭绿雪茶各等级产品的感官品质应符合表1的规定。

表1 敬亭绿雪茶各等级产品的感官品质

质量等级	要求					备注
	外形	汤色	香气	滋味	叶底	
特级	形如雀舌、嫩绿油润	嫩绿明亮	嫩香持久	嫩爽	嫩绿、匀净、明亮	
一级	挺直略扁、绿、匀齐	绿明亮	清香持久	鲜爽	嫩匀成朵、绿、明亮	
二级	形直尚挺、绿	绿明亮	清香	醇爽	芽叶成朵、绿、明亮	
三级	条索松直、尚绿	黄绿明亮	尚清香	浓醇	黄绿尚亮	

四、产品理化指标

敬亭绿雪茶各等级产品的理化指标如表2所示。

表2　敬亭绿雪茶各等级产品的理化指标

项目		指标			
		特级	一级	二级	三级
水分/%	≤	7.0			
总灰分/%	≤	6.5			
水浸出物/%	≥	36.0			
碎末茶/%	≤	1.5	3.0	4.0	
氨基酸/%	≥	2.0		1.5	
粗纤维/%	≤	14.0		16.0	

五、标准基本信息

本标准的基本信息如表3所示。

表3　标准基本信息

发布时间：2002-01-04　　　　　　实施时间：2002-02-01　　　　　　状态：目前现行

本标准参与单位/责任人	具体单位/责任人
提出单位	农业农村部农垦局
主要起草单位	安徽省国营敬亭山茶场 农业农村部茶叶质量监督检验测试中心
主要起草人	林启仁、鲁成银、王仕超

白　茶

源自GB/T 22291-2017

一、术语定义

白毫银针 Baihaoyinzhen

以大白茶或水仙茶树品种的单芽为原料，经萎凋、干燥、拣剔等特定工艺过程制成的白茶产品。

白牡丹 Baimudan

以大白茶或水仙茶树的一芽一、二叶为原料，经萎凋、干燥、拣剔等特定工艺过程制成的白茶产品。

贡眉 Gongmei

以群体种茶树的嫩梢为原料，经萎凋、干燥、拣剔等特定工艺过程制成的白茶产品。

寿眉 Shoumei

以大白茶、水仙或群体种茶树的嫩梢或叶片为原料，经萎凋、干燥、拣剔等特定工艺过程制成的白茶产品。

二、产品分类、等级和实物标准样

白茶根据茶树品种和原料要求的不同，分为白毫银针、白牡丹、贡眉、寿眉四种产品。

每种产品的每一等级均设实物标准样，每三年更换一次。

三、产品感官品质特征

白毫银针的感官品质符合表1的规定。

表1　白毫银针的感官品质

级别	项目							
	外形				内质			
	条索	整碎	净度	色泽	香气	滋味	汤色	叶底
特级	芽针肥壮、茸毛厚	匀齐	洁净	银灰白、富有光泽	清纯、毫香显露	清鲜醇爽、毫味足	浅杏黄、清澈明亮	肥壮、软嫩、明亮
一级	芽针秀长、茸毛略薄	较匀齐	洁净	银灰白	清纯、毫香显	鲜醇爽、毫味显	杏黄、清澈明亮	嫩匀、明亮

白牡丹的感官品质应符合表2的规定。

表2 白牡丹的感官品质

级别	项目							
	外形				内质			
	条索	整碎	净度	色泽	香气	滋味	汤色	叶底
特级	毫心多肥壮、叶背多茸毛	匀整	洁净	灰绿润	鲜嫩、纯爽毫香显	清甜醇爽、毫味足	黄、清澈	芽心多、叶张肥嫩明亮
一级	毫心较显、尚壮、叶张嫩	尚匀整	较洁净	灰绿尚润	尚鲜嫩、纯爽有毫香	较清甜、醇爽	尚黄、清澈	芽心较多、叶张嫩、尚明
二级	毫心尚显、叶张尚嫩	尚匀	含少量黄绿片	尚灰绿	浓纯、略有毫香	尚清甜、醇厚	橙黄	有芽心、叶张尚嫩、稍有红张
三级	叶缘略卷、有平展叶、破张叶	欠匀	稍夹黄片、蜡片	灰绿稍暗	尚浓纯	尚厚	尚橙黄	叶张尚软、有破张、红张稍多

贡眉的感官品质应符合表3的规定。

表3 贡眉的感官品质

级别	项目							
	外形				内质			
	条索	整碎	净度	色泽	香气	滋味	汤色	叶底
特级	叶态卷、有毫心	匀整	洁净	灰绿或墨绿	鲜嫩、有毫香	清甜醇爽	橙黄	有芽尖、叶张嫩亮
一级	叶态尚卷、毫尖尚显	较匀	较洁净	尚灰绿	鲜纯、有嫩香	醇厚尚爽	尚橙黄	稍有芽尖、叶张软尚亮
二级	叶态略卷稍展、有破张	尚匀	夹黄片、铁板片、少量蜡片	灰绿稍暗、夹红	浓纯	浓厚	深黄	叶张较粗、稍摊、有红张
三级	叶张平展、破张多	欠匀	含鱼叶蜡片较多	灰黄夹红、稍蔵	浓、稍粗	厚、稍粗	深黄微红	叶张粗杂、红张多

寿眉的感官品质应符合表4的规定。

表4 寿眉的感官品质

级别	项目							
	外形				内质			
	条索	整碎	净度	色泽	香气	滋味	汤色	叶底
一级	叶态尚紧卷	较匀	较洁净	尚灰绿	纯	醇厚尚爽	尚橙黄	稍有芽尖、叶张软尚亮
二级	叶态略卷稍展、有破张	尚匀	夹黄片、铁板片、少量蜡片	灰绿稍暗、夹红	浓纯	浓厚	深黄	叶张较粗、稍摊、有红张

四、产品理化指标

白茶的理化指标应符合表5的规定。

表5 白茶的理化指标

项目		指标
水分/%（质量分数）	≤	8.5
总灰分/%（质量分数）	≤	6.5
粉末/%（质量分数）	≤	1.0
水浸出物/%（质量分数）	≥	30
注：粉末含量为白牡丹、贡眉和寿眉的指标。		

五、标准基本信息

本标准的基本信息如表6所示。

表6　标准基本信息

发布时间：2017-11-01　　　　　实施时间：2018-05-01　　　　　状态：目前现行

本标准参与单位/责任人	具体单位/责任人
提出单位	中华全国供销合作总社
归口单位	全国茶叶标准化技术委员会（SAC/TC 339）
主要起草单位	中华全国供销合作总社杭州茶叶研究院 福建省裕荣香茶业有限公司 福鼎市质量计量检测所 福建品品香茶业有限公司 福建省天湖茶业有限公司 政和县白牡丹茶业有限公司 政和县稻香茶业有限公司 福建农林大学 国家茶叶质量监督检验中心 中国茶叶流通协会
主要起草人	翁昆、蔡良绥、潘德贵、林健、林有希、余步贵、黄礼灼、赵玉香、孙威江、张亚丽、蔡清平、邹新武、朱仲海

紧压白茶

源自 GB/T 31751-2015

一、术语定义

紧压白茶 compressed white tea

以白茶（白毫银针、白牡丹、贡眉、寿眉）为原料，经整理、拼配、蒸压定型、干燥等工序制成的产品。

二、产品分类、等级和实物标准样

紧压白茶根据原料要求的不同，分为紧压白毫银针、紧压白牡丹、紧压贡眉和紧压寿眉四种产品。

每种产品均不分等级，实物标准样为每种产品品质的最低界限，每五年更换一次。

三、产品感官品质特征

具有正常的色、香、味，无异味、无异嗅、无霉变、无劣变。不含有非茶类物质，不着色、无任何添加剂。

紧压白茶的感官品质要求如表1所示。

表1 紧压白茶的感官品质要求

产品	外形	内质			
		香气	滋味	汤色	叶底
紧压白毫银针	外形端正匀称，松紧适度，表面平整，无脱层，不洒面；色泽灰白，显毫	清纯，毫香显	浓醇，毫味显	杏黄明亮	肥厚软嫩
紧压白牡丹	外形端正匀称，松紧适度，表面较平整，无脱层，不洒面；色泽灰绿或灰黄，带毫	浓纯，有毫香	醇厚，有毫味	橙黄明亮	软嫩
紧压贡眉	外形端正匀称，松紧适度，表面较平整；色泽灰黄夹红	浓纯	浓厚	深黄或微红	软尚嫩，带红张
紧压寿眉	外形端正匀称，松紧适度，表面较平整；色泽灰褐	浓，稍粗	厚，稍粗	深黄或泛红	略粗，有破张，带泛红叶

四、产品理化指标

紧压白茶的理化指标应符合表2的规定。

表2 紧压白茶的理化指标

项目		紧压白毫银针	紧压白牡丹	紧压贡眉	紧压寿眉
水分/%（质量分数）	≤	8.5			
总灰分/%（质量分数）	≤	6.5			7.0
茶梗/%（质量分数）	≤	不得检出		2.0	4.0
水浸出物/%（质量分数）	≥	36.0	34.0		32.0
注：茶梗指木质化的茶树麻梗、红梗、白梗，不包括节间嫩茎。					

五、标准基本信息

本标准的基本信息如表3所示。

表3 标准基本信息

发布时间：2015-07-03 　　　　实施时间：2016-02-01 　　　　状态：目前现行

本标准参与单位/责任人	具体单位/责任人
提出单位	中华全国供销合作总社
归口单位	全国茶叶标准化技术委员会（SAC/TC 339）
主要起草单位	福建省福鼎市质量计量检测所 中华全国供销合作总社杭州茶叶研究院 福建农林大学 福建品品香茶业有限公司 福建省天湖茶业有限公司 福建省天丰源茶业有限公司
主要起草人	潘德贵、蔡良绥、翁昆、孙威江、刘乾刚、蔡清平、耿宗钦、 王传意、张亚丽

政和白茶

源自GB/T 22109-2008

一、术语定义

政和白茶 Zhenghe white tea

在地理标志产品保护范围内的自然生态环境条件下。选用适制白茶的茶树的鲜叶为原料，按照不杀青、不揉捻的独特加工工艺制作而成，具有"清鲜、纯爽、毫香"品质特征的白茶。

清鲜　　纯爽　　毫香

二、产品分类

政和白茶分为白毫银针和白牡丹。

三、产品感官品质特征

茶叶品质正常，无异味、无霉变、无劣变、不着色，不添加任何添加剂，不含非茶类夹杂物。

白毫银针的感官指标应符合表1的规定。

表1 白毫银针的感官指标

项目	外形				内质			
	嫩度	色泽	形态	净度	香气	滋味	汤色	叶底
感官指标	毫芽肥壮	毫芽银白或灰白	单芽肥壮、满披茸毛	净	鲜嫩清纯、毫香明显	清鲜纯爽、毫味显	浅杏黄、清澈明亮	全芽、肥嫩、明亮

白牡丹的感官指标应符合表2的规定。

表2　白牡丹的感官指标

项目		级别		
		特级	一级	二级
外形	嫩度	芽肥壮，毫显	毫芽显，叶张匀嫩	有毫芽，叶张尚嫩
	色泽	毫芽银白，叶面灰绿，叶背有白茸毛，灰绿透银白色	毫芽银白，叶面灰绿或暗绿，部分叶背有茸毛，有嫩绿片	叶面暗绿，稍带少量黄绿叶或暗褐叶
	形态	叶抱芽，芽叶连枝，匀整，叶缘垂卷	芽叶连枝，尚匀整，有破张，叶缘垂卷	部分芽叶连枝，破张稍多
	净度	无蜡叶和老梗，净	无蜡叶和老梗、较净	无蜡叶和老梗，有少量嫩绿片和轻片
内质	香气	鲜嫩清纯，毫香明显	清鲜，有毫香	尚清鲜，略有毫香
	滋味	清鲜纯爽，毫味显	尚清鲜，有毫味	醇和
	汤色	浅杏黄，明亮	黄，明亮	黄，尚亮
	叶底	毫芽肥壮，叶张嫩，叶芽连枝，色淡绿，叶梗、叶脉微红，叶底明亮	毫芽稍多，叶张嫩，尚完整，叶脉微红，叶底尚明亮	稍有毫芽，叶张尚软，叶脉稍红，有破张

四、产品理化指标

政和白茶的理化指标应符合表3的规定。

表3　政和白茶的理化指标

项目		指标
水分/%	≤	7.0
碎茶/%	≤	10.0
粉末/%	≤	1.5
灰分/%	≤	7.0
水浸出物/%	≥	32.0

五、地理标志产品保护范围

政和白茶地理标志产品保护范围限福建省政和县管辖的行政区域。

六、标准基本信息

本标准的基本信息如表4所示。

表4 标准基本信息

发布时间：2008-06-25   实施时间：2008-10-1   状态：目前现行

本标准参与单位/责任人	具体单位/责任人
提出单位	全国原产地域产品标准化工作组
归口单位	全国原产地域产品标准化工作组
主要起草单位	福建省政和县质量技术监督局 福建省技术监督情报研究所 政和县茶叶总站 政和县生产力促进中心 福建省政和科技示范茶场 福建省政和瑞茗茶业有限公司
主要起草人	梁廉健、陈明生、林臻毅、周师清、许大全、叶乃兴、吴邦顺、 高清火、刘乾刚、张见明

黄　茶

源自GB/T 21726-2018

一、术语定义

黄茶 Yellow tea

以茶树的芽、叶、嫩茎为原料，经摊青、杀青、揉捻、闷黄、干燥、精制或蒸压成型的特定工艺制成的茶产品。

二、产品分类

根据鲜叶原料和加工工艺的不同，产品分为芽型（单芽或一芽一叶初展）、芽叶型（一芽一叶、一芽二叶初展）、多叶型（一芽多叶和对夹叶）和紧压型（采用上述原料经蒸压成型）四种。

三、产品感官品质特征

黄茶的感官品质特征应符合表1的规定。

表1 黄茶的感官品质要求

种类	项目							
	外形				内质			
	形状	整碎	净度	色泽	香气	滋味	汤色	叶底
芽型	针形或雀舌形	匀齐	净	嫩黄	清鲜	鲜醇回甘	杏黄明亮	肥嫩黄亮
芽叶型	条形或扁形或兰花形	较匀齐	净	黄青	清高	醇厚回甘	黄明亮	柔嫩黄亮
多叶型	卷略松	尚匀	有茎梗	黄褐	纯正、有锅巴香	醇和	深黄明亮	尚软、黄尚亮、有茎梗
紧压型	规整	紧实	—	褐黄	醇正	醇和	深黄	尚匀

四、产品理化指标

黄茶的理化指标应符合表2的规定。

表2 黄茶的理化指标

项目		指标			
		芽型	芽叶型	多叶型	紧压型
水分/%	≤	6.5		7.0	9.0
总灰分/%	≤	7.0		7.5	
碎茶和碎末/%（质量分数）	≤	2.0	3.0	6.0	—
水浸出物/%（质量分数）	≥	32.0			

五、标准基本信息

本标准的基本信息如表3所示。

表3 标准基本信息

发布时间：2018-02-06　　　　　实施时间：2018-06-01　　　　　状态：目前现行

本标准参与单位/责任人	具体单位/责任人
提出单位	中华全国供销合作总社
归口单位	全国茶叶标准化技术委员会（SAC/TC 339）
主要起草单位	中华全国供销合作总社杭州茶叶研究院 霍山抱儿钟秀茶业有限公司 德清县莫干山黄芽茶业有限公司 安徽农业大学 浙江大学 湖南省茶叶集团股份有限公司 四川省茶业集团股份有限公司
主要起草人	翁昆、文亮、沈云鹤、赵玉香、宁井铭、龚淑英、尹钟、蔡红兵、张亚丽、戴前颖

莫干黄芽黄茶

源自 GH/T 1235-2018

一、术语定义

莫干黄芽黄茶 Moganhuangya Yellow tea

以德清县境内莫干山山脉特定区域适制莫干黄芽黄茶的中、小叶茶树品种的茶树鲜叶为原料，经摊青、杀青、揉捻、闷黄、干燥等工艺加工而成的黄茶产品。

二、产品分级和实物标准样

产品等级依据感官品质要求分为：特级、一级、二级。

各等级均设实物标准样，为每个等级的最低标准，每三年更换一次。

三、产品感官质量特征

应有正常的色、香、味，无异味、无异嗅、无劣变。不得含有非茶类夹杂物，不着色，无任何添加剂。

各等级莫干黄芽黄茶的感官品质应符合表1的要求。

表1　各等级莫干黄芽黄茶的感官指标

级别	外形				内质			
	条索	整碎	色泽	净度	香气	汤色	滋味	叶底
特级	细紧卷曲	匀整	嫩黄润	匀净	清甜	嫩黄明亮	甘醇	较细、嫩黄、明亮
一级	紧结卷曲	较匀整	尚黄润	较匀净	清纯	黄明亮	醇爽	嫩匀、稍黄明亮
二级	尚紧结、卷曲	尚匀整	尚黄	尚匀净	尚清纯	黄较亮	尚醇	尚嫩匀、较黄亮

四、理化指标

莫干黄芽黄茶的理化指标应符合表2的要求。

表2 莫干黄芽黄茶的理化指标

项目		指标
水分/%（质量分数）	≤	6.5
总灰分/%（质量分数）	≤	6.5
水浸出物/%（质量分数）	≥	35.0
粉末/%（质量分数）	≤	1.0

五、地理标志产品保护范围

莫干黄芽黄茶产地为德清县行政区城内莫干山周围茶园，地理坐标为东经119°45′10″～119°57′34″，北纬 30°26′58″～30°42′40″之间。生产地域范围为：浙江省湖州市德清县的莫干山镇、武康街道、舞阳街道、阜溪街道，共计4个镇（街道），26个行政村。区域边界为东起阜溪街道民进村、南至舞阳街道山民村、西到莫干山镇大造坞村、北至莫干山镇南路村。

六、标准基本信息

本标准的基本信息如表3所示。

表3 标准基本信息

发布时间：2018-11-29 　　　　　实施时间：2019-03-01 　　　　　状态：目前现行

本标准参与单位/责任人	具体单位/责任人
提出单位	中华全国供销合作总社
归口单位	全国茶叶标准化技术委员会（SAC/TC 339）
主要起草单位	浙江大学 德清县农业技术推广中心 中华全国供销合作 总社杭州茶叶研究院 浙江省农业技术推广中心 德清县茶叶协会 湖州市农业局
主要起草人	龚淑英、范方媛、胡建平、钱虹、翁昆、陆德彪、董久鸣、张晓英、沈云鹤、何永康、赵雪峰、陆文渊、张亚丽

乌龙茶

源自 GB/T 30357.1-2013

一、术语定义

萎凋 withering

鲜叶在一定的温、湿度条件下均匀摊放，使其萎蔫、散发水分的过程。乌龙茶萎凋包括晒青和晾青两个环节。

做青 fine manipulation

在机械力作用下，鲜叶叶缘部分受损伤，促使其内含的多酚类物质部分氧化、聚合，产生绿叶红边的过程。

二、产品分类和实物标准样

根据茶树品种不同，乌龙茶分为铁观音、黄金桂、水仙、肉桂、单枞、佛手、大红袍等产品。

乌龙茶每级设一个标准样，每三年换样一次。

三、理化指标

乌龙茶的理化指标应符合表1的规定。

表1　乌龙茶的理化指标

项目		指标
水分/%（质量分数）	≤	7.0
水浸出物/%（质量分数）	≥	32.0
总灰分/%（质量分数）	≤	6.5
碎茶/%（质量分数）	≤	16.0
粉末/%（质量分数）	≤	1.3

四、标准基本信息

本标准的基本信息如表2所示。

表2　标准基本信息

发布时间：2013-12-31　　　　　实施时间：2014-06-22　　　　　状态：目前现行

本标准参与单位/责任人	具体单位/责任人
提出单位	中华全国供销合作总社
归口单位	全国茶叶标准化技术委员会（SAC/TC 339）
主要起草单位	国家茶叶质量监督检验中心（福建） 中华全国供销合作总社杭州茶叶研究院 福建农林大学 福建八马茶业有限公司 安溪茶厂有限公司 厦门华祥苑实业有限公司 福建省安溪县溪韵茶业有限公司 武夷星茶业有限公司
主要起草人	杨乙强、林锻炼、翁昆、孙威江、陈磊、林荣溪、李宗垣、林先滨

铁观音

源自 GB/T 30357.2-2013

一、术语定义

铁观音 Tieguanyin

以铁观音茶树品种的叶、驻芽、嫩梢为原料，依次经萎凋、做青、杀青、揉捻（包揉）、烘干等独特工艺过程制成的茶叶产品。

二、产品分类和实物标准样

清香型铁观音

以铁观音毛茶为原料，经过拣梗、筛分、风选、文火烘干等特定工艺过程制成，外形紧结、色泽翠润、香气清高、滋味鲜醇。

浓香型铁观音

以铁观音毛茶为原料，经过拣梗、筛分、风选、烘焙等特定工艺过程制成，外形壮结、色泽乌润、香气浓郁、滋味醇厚。

陈香型铁观音[①]

以铁观音毛茶为原料，经过拣梗、筛分、拼配、烘焙、贮存五年以上等独特工艺制成的具有陈香品质特征的铁观音产品。

实物标准样

各品种、各等级铁观音均设实物标准样，有效期为三年。

三、产品质量要求

品质正常、无异味、无异臭、无劣变。不含有非茶类物质，不着色，无任何添加剂。

---

　① 本标准中所增加的"陈香型铁观音"内容摘自 GB/T 30357.2-2013 第 1 号修改单，该修改单自 2016 年 4 月 26 日起实施。

四、产品感官品质特征

清香型铁观音各级产品的感官指标应符合表1的要求。

表1　清香型铁观音的感官指标

级别	项目							
	外形				内质			
	条索	整碎	净度	色泽	香气	滋味	汤色	叶底
特级	紧结、重实	匀整	洁净	翠绿润、砂绿明显	清高、持久	清醇鲜爽、音韵明显	金黄带绿、清澈	肥厚软亮、匀整
一级	紧结	匀整	净	绿油润、砂绿明	较清高持久	清醇较爽、音韵较显	金黄带绿、明亮	较软亮、尚匀整
二级	较紧结	尚匀整	尚净、稍有细嫩梗	乌绿	稍清高	醇和、音韵尚明	清黄	稍软亮、尚匀整
三级	尚结实	尚匀整	尚净、稍有细嫩梗	乌绿、稍带黄	平正	平和	尚清黄	尚匀整

浓香型铁观音各级产品的感官指标应符合表2的要求。

表2　浓香型铁观音的感官指标

级别	项目							
	外形				内质			
	条索	整碎	净度	色泽	香气	滋味	汤色	叶底
特级	紧结、重实	匀整	洁净	乌油润、砂绿显	浓郁	醇厚回甘、音韵明显	金黄、清澈	肥厚、软亮匀整、红边明
一级	紧结	匀整	净	乌润、砂绿较明	较浓郁	较醇厚、音韵明	深金黄、明亮	较软亮、匀整、有红边
二级	稍紧结	尚匀整	较净、稍有嫩梗	黑褐	尚清高	醇和	橙黄	稍软亮、略匀整
三级	尚紧结	稍匀整	稍净、有嫩梗	黑褐、稍带褐红点	平正	平和	深橙黄	稍匀整、带褐红色
四级	略粗松	欠匀整	欠净、有梗片	带褐红色	稍粗飘	稍粗	橙红	欠匀整、有粗叶及褐红叶

陈香型铁观音各级产品的感官指标应符合表3要求。

表3 陈香型铁观音的感官指标

级别	项目							
	外形				内质			
	条索	整碎	净度	色泽	香气	滋味	汤色	叶底
特级	紧结	匀整	洁净	乌褐	陈香浓	醇和回甘、有音韵	深红清澈	乌褐柔软、匀整
一级	较紧结	较匀整	洁净	较乌褐	陈香明显	醇和	橙红清澈	较乌褐柔软、较匀整
二级	稍紧结	稍匀整	较洁净	稍乌褐	陈香较明显	尚醇和	橙红	稍乌褐、稍匀整

五、理化指标

铁观音的理化指标应符合表4的规定。

表4 铁观音的理化指标

项目		指标
水分/%（质量分数）	≤	7.0
总灰分/%（质量分数）	≤	6.5
水浸出物/%（质量分数）	≥	32
碎茶/%（质量分数）	≤	16
粉末/%（质量分数）	≤	1.3

六、标准基本信息

本标准的基本信息如表5所示。

表5 标准基本信息

发布时间：2013-12-31　　　　　　实施时间：2014-06-22　　　　　状态：目前现行

本标准参与单位/责任人	具体单位/责任人
提出单位	中华全国供销合作总社
归口单位	全国茶叶标准化技术委员会（SAC/TC 339）
主要起草单位	国家茶叶质量监督检验中心（福建） 中华全国供销合作总社杭州茶叶研究院 福建农林大学 福建八马茶业有限公司 厦门华祥苑实业有限公司 福建省感德龙馨茶业有限公司 福建日春茶业有限公司 福建省安溪茶厂有限公司 武夷星茶业有限公司
主要起草单位	福建安溪八龙国际茶城有限公司 泉州出入境检验检疫局综合技术服务中心
主要起草人	林锻炼、翁昆、张雪波、陈磊、孙威江、林荣溪、陈文钦、黄伙水、陈泉宾、林先滨、杨松伟、王启灿、林为棒

安溪铁观音

源自 GB/T 19598-2006

一、术语定义

安溪铁观音 Anxi tieguanyin tea

在地理标志产品保护范围内的自然生态环境条件下，选用以铁观音茶树品种进行扦插繁育、栽培的茶树鲜叶，按照独特的传统加工工艺制作而成，具有铁观音品质特征的乌龙茶。

二、产品分类、等级

安溪铁观音分为清香型和浓香型两种。

清香型安溪铁观音按感官指标分为特级、一级、二级、三级。

浓香型安溪铁观音按感官指标分为特级、一级、二级、三级、四级。

三、鲜叶质量要求

茶青应肥壮、完整、新鲜、均匀，每梢为两个"定型叶"（即有两片叶子比较成熟），且应符合下列要求之一：

小开面（顶叶面积为第二叶的 20%～30%）采三至四叶及对夹叶；

中开面（顶叶面积为第二叶的 31%～70%）采二至三叶及对夹叶；

大开面（顶叶面积为第二叶的 71%～90%）采二叶；

一芽四叶（壮树带芽采四叶）。

四、产品感官品质特征

产品应品质正常，无异味，无霉变，无劣变；应洁净，不着色，不添加任何添加剂，不得夹杂非茶类物质。

清香型安溪铁观音各级产品的感官指标应符合表1的要求。

表1 清香型安溪铁观音的感官指标

项目		级别			
		特级	一级	二级	三级
外形	条索	肥壮、圆结、重实	壮实、紧结	卷曲、结实	卷曲、尚结实
	色泽	翠绿润、砂绿明显	绿油润、砂绿明	绿油润、有砂绿	乌绿、稍带黄
	整碎	匀整	匀整	尚匀整	尚匀整
	净度	洁净	净	尚净、稍有细嫩梗	尚净、稍有细嫩梗
内质	香气	高香	清香、持久	清香	清纯
	滋味	鲜醇高爽、音韵明显	清醇甘鲜、音韵明显	尚鲜醇爽口、音韵尚明	醇和回甘、音韵稍轻
	汤色	金黄明亮	金黄明亮	金黄	金黄
	叶底	肥厚软亮、匀整、余香高长	软亮、尚匀整、有余香	尚软亮、尚匀整、稍有余香	稍软亮、尚匀整、稍有余香

浓香型安溪铁观音各级产品的感官指标应符合表2的要求。

表2 浓香型安溪铁观音的感官指标

项目		级别				
		特级	一级	二级	三级	四级
外形	条索	肥壮、圆结、重实	较肥壮、结实	稍肥壮、略结实	卷曲、尚结实	稍卷曲、略粗松
	色泽	翠绿、乌润、砂绿明	乌润、砂绿较明	乌绿、有砂绿	乌绿、稍带褐红点	暗绿、带褐红色
	整碎	匀整	匀整	尚匀整	稍整齐	欠匀整
	净度	洁净	净	尚净、稍有嫩幼梗	稍净、有嫩幼梗	欠净、有梗片
内质	香气	浓郁、持久	清高、持久	尚清高	清纯平正	平淡、稍粗飘
	滋味	醇厚鲜爽回甘、音韵明显	醇厚、尚鲜爽、音韵明	醇和鲜爽、音韵稍明	醇和、音韵轻微	稍粗味
	汤色	金黄、清澈	深金黄、清澈	橙黄、深黄	深橙黄、清黄	橙红、清红
	叶底	肥厚、软亮匀整、红边明、有余香	尚软亮、匀整有红边、稍有余香	稍软亮、略匀整	稍匀整、带褐红色	欠匀整、有粗叶及褐红叶

五、产品理化指标

安溪铁观音的理化指标应符合表3的规定。

表3 安溪铁观音的理化指标

项目		指标
水分/%（质量分数）	≤	7.5
总灰分/%（质量分数）	≤	6.5
碎茶/%（质量分数）	≤	16.0
粉末/%（质量分数）	≤	1.3

六、地理标志产品保护范围

安溪铁观音地理标志产品的保护范围是现福建省安溪县管辖的行政区域。

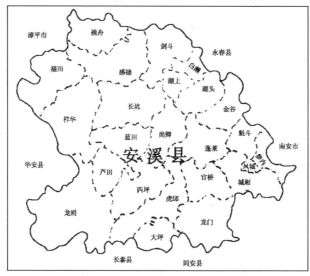

安溪铁观音地理标志产品保护范围图

七、标准基本信息

本标准的基本信息如表4所示。

表4 标准基本信息

发布时间：2006-12-29　　　　实施时间：2007-06-01　　　　状态：目前现行

本标准参与单位/责任人	具体单位/责任人
提出单位	全国原产地域产品标准化工作组
归口单位	全国原产地域产品标准化工作组
主要起草单位	安溪县质量技术监督局 安溪县农业与茶果局 福建省茶叶产品质量检测中心 福建省安溪茶厂有限公司 福建省安溪县华福茶厂 福建八马茶业有限公司
主要起草人	刘坤城、黄火良、黄东方、杨文俪、林志勇、李国生、 林锻炼、高金典

白芽奇兰

源自 GB/T 30357.9-2020

一、术语定义

白芽奇兰 Baiyaqilan

以山茶属茶种茶树【*Camellia sinensis*（L.）O.Kuntze】白芽奇兰的鲜叶为原料，经适度萎凋、做青、杀青、揉捻（包揉）、干燥等工序加工而成的乌龙茶产品。

二、产品分类、等级

白芽奇兰茶按照造型工艺的不同，分为颗粒形白芽奇兰和条形白芽奇兰；根据焙火程度，颗粒形白芽奇兰和条形白芽奇兰又分别分为清香型和浓香型。

各产品等级均设特级、一级、二级、三级。

三、产品感官品质特征

清香型颗粒形白芽奇兰和浓香型颗粒形白芽奇兰的感官指标应分别符合表1、表2的规定。

表1　清香型颗粒形白芽奇兰的感官指标要求

级别	项目							
	外形				内质			
	形状	整碎	净度	色泽	香气	滋味	汤色	叶底
特级	圆结、重实	匀整	洁净	砂绿、油润	清雅幽长、品种香显	鲜醇、甘爽	金黄、清澈明亮	柔软明亮、匀整
一级	圆结、较重实	匀整	洁净	砂绿、较油润	清高持久、品种香较显	醇厚、清爽	金黄、明亮	柔软较亮、匀整
二级	圆紧、尚壮实	较匀整	较洁净	乌绿、尚润	清香	醇和、尚爽	橙黄、尚亮	尚软亮、较匀整
三级	较圆紧	尚匀整	尚洁净	乌绿带褐	纯正	醇和	深橙黄	稍匀整

表2　浓香型颗粒形白芽奇兰的感官指标要求

级别	项目							
	外形				内质			
	形状	整碎	净度	色泽	香气	滋味	汤色	叶底
特级	圆结、重实	匀整	洁净	乌褐、油润	浓郁持久、品种香显	醇厚、甘爽	金黄、清澈明亮	柔软明亮、匀整
一级	圆结、较重实	匀整	洁净	乌褐、较油润	浓纯较持久、品种香较显	醇厚	金黄、明亮	柔软较亮、匀整
二级	圆紧、尚壮实	较匀整	较洁净	乌褐尚润	较浓纯、有品种香	醇和	橙黄、尚亮	尚软亮、较匀整
三级	较圆紧	尚匀整	尚洁净	乌褐	纯正	平和	深橙黄	稍匀整

清香型条形白芽奇兰和浓香型条形白芽奇兰的感官指标应分别符合表3、表4的规定。

表3　清香型条形白芽奇兰的感官指标要求

级别	项目							
	外形				内质			
	条索	整碎	净度	色泽	香气	滋味	汤色	叶底
特级	紧结、重实	匀整	洁净	乌绿、油润	清雅幽长、品种香显	鲜醇、甘爽	金黄、清澈明亮	柔软明亮、匀整
一级	紧结、较重实	匀整	洁净	乌绿、较润	清高持久、品种香较显	醇厚、清爽	金黄、明亮	柔软较亮、匀整
二级	较紧结	较匀整	较洁净	乌绿、尚润	清香	醇和、尚爽	橙黄、尚亮	尚软亮、较匀整
三级	尚紧结	尚匀整	尚洁净	乌绿带褐	纯正	醇和	深橙黄	稍匀整

表4　浓香型条形白芽奇兰的感官指标要求

级别	项目							
	外形				内质			
	条索	整碎	净度	色泽	香气	滋味	汤色	叶底
特级	紧结、重实	匀整	洁净	乌褐、油润	浓郁持久、品种香显	醇厚、甘爽	金黄、清澈明亮	柔软明亮、匀整
一级	紧结、较重实	匀整	洁净	乌褐、较润	浓纯较持久、品种香较显	醇厚	金黄、明亮	柔软较亮、匀整
二级	较紧结	较匀整	较洁净	乌褐、尚润	较浓纯、有品种香	醇和	深橙黄、尚亮	尚软亮、较匀整
三级	尚紧结	尚匀整	尚洁净	乌褐	纯正	平和	橙红	稍匀整

四、产品理化指标

白芽奇兰的理化指标应符合表5的规定。

表5　白芽奇兰的理化指标

项目		指标
水分/%（质量分数）	≤	7.0
水浸出物/%（质量分数）	≥	32.0
总灰分/%（质量分数）	≤	6.5
碎茶/%（质量分数）	≤	16.0
粉末/%（质量分数）	≤	1.3

五、标准基本信息

本标准的基本信息如表6所示。

表6　标准基本信息

发布时间：2020-12-14　　　　实施时间：2021-04-01　　　　状态：目前现行

本标准参与单位/责任人	具体单位/责任人
提出单位	中华全国供销合作总社
归口单位	全国茶叶标准化技术委员会（SAC/TC 339）
主要起草单位	福建农林大学 福建省茶产业标准化技术委员会 平和县农业农村局 中华全国供销合作总社杭州茶叶研究院 国家茶叶质量监督检验中心（福建） 福建日春茶业有限公司 福建省天醇茶业有限公司 福建康士力茶业有限公司 福建省泉州市裕园茶业有限公司 平和县市场监督管理局 国家茶叶质量安全工程技术研究中心 泉州海关综合技术服务中心 福建八马茶业有限公司
主要起草人	孙威江、薛志慧、黄满荣、翁昆、张雪波、张亚丽、林锻炼、王进财、黄伙水、刘绍文、王启灿、张国雄、曾慧敏、林扬闻、林文彬、林荣溪

武夷岩茶

源自GB/T 18745-2006

一、术语定义

武夷岩茶 Wuyi rock-essence tea

在武夷岩茶地理标志产品保护范围内，选用以适宜的茶树品种进行无性繁育和栽培的茶树鲜叶，并用独特的传统加工工艺制作而成，具有岩韵（岩骨花香）品质特征的乌龙茶。

二、产品分类和实物标准样

武夷岩茶产品分为大红袍、名枞、肉桂、水仙、奇种。

武夷岩茶各品种等级设实物标准样。

三、茶青质量要求、分级要求

合格的茶青应肥壮、完整、新鲜、均匀，每梢为两个"定型叶"，且应符合下列要求之一：

小开面（顶叶面积为第二叶的30%～40%）采四叶；

中开面（顶叶面积为第二叶的50%～70%）采三叶；

大开面（顶叶面积为第二叶的80%～90%）采两叶；

一芽四叶（壮树带芽采四叶）及对夹叶。

茶青质量分为一级、二级、三级，分级指标如表1所示。

表1　茶青质量分级

等级	质量要求
一级	合格的茶青质量占总茶青质量比例不少于90%
二级	合格的茶青质量占总茶青质量比例不少于80%
三级	合格的茶青质量占总茶青质量比例不少于70%

四、产品感官品质特征

武夷岩茶产品应洁净，不着色，不得混有异种植物，不含非茶叶物质，无异味，无异臭，无霉变。

各类产品还应符合相应的感官品质。

大红袍产品的感官品质如表2所示。

表2　大红袍产品的感官品质

项目		级别		
		特级	一级	二级
外形	条索	紧结、壮实、稍扭曲	紧结、壮实	紧结、较壮实
	色泽	带宝色或油润	稍带宝色或油润	油润、红点明显
	整碎	匀整	匀整	较匀整
	净度	洁净	洁净	洁净
内质	香气	锐、浓长或幽、清远	浓长或幽、清远	幽长
	滋味	岩韵明显、醇厚、回味甘爽、杯底有余香	岩韵显、醇厚、回甘快、杯底有余香	岩韵明、较醇厚、回甘、杯底有余香
	汤色	清澈、艳丽、呈深橙黄色	较清澈、艳丽、呈深橙黄色	金黄清澈、明亮
	叶底	软亮匀齐、红边或带朱砂色	较软亮匀齐、红边或带朱砂色	较软亮、较匀齐、红边较显

名枞产品的感官品质如表3所示。

表3　名枞产品的感官品质

项目		要求
外形	条索	紧结、壮实
	色泽	较带宝色或油润
	整碎	匀整
内质	香气	较锐、浓长或幽、清远
	滋味	岩韵明显、醇厚、回甘快、杯底有余香
	汤色	清澈艳丽、呈深橙黄色
	叶底	叶片软亮匀齐、红边或带朱砂色

肉桂产品的感官品质如表4所示。

表4 肉桂产品的感官品质

项目		级别		
		特级	一级	二级
外形	条索	肥壮紧结、沉重	较肥壮结实、沉重	尚结实、卷曲、稍沉重
	色泽	油润、砂绿明、红点明显	油润、砂绿较明、红点较明显	乌润、稍带褐红色或褐绿
	整碎	匀整	较匀整	尚匀整
	净度	洁净	较洁净	尚洁净
内质	香气	浓郁持久、似有乳香或蜜桃香或桂皮香	清高幽长	清香
	滋味	醇厚鲜爽、岩韵明显	醇厚尚鲜、岩韵明	醇和、岩韵略显
	汤色	金黄、清澈明亮	橙黄清澈	橙黄略深
	叶底	肥厚软亮、匀齐、红边明显	较亮、匀齐，红边明显	红边欠匀

水仙产品的感官品质如表5所示。

表5 水仙产品的感官品质

项目		级别			
		特级	一级	二级	三级
外形	条索	壮结	壮结	壮实	尚壮实
	色泽	油润	尚油润	稍带褐色	褐色
	整碎	匀整	匀整	较匀整	尚匀整
	净度	洁净	洁净	较洁净	尚洁净
内质	香气	浓郁鲜锐、特征明显	清香特征显	尚清纯、特征尚显	特征稍显
	滋味	浓爽鲜锐、品质特征显露、岩韵明显	醇厚、品种特征显、岩韵明显	较醇厚、品种特征尚显、岩韵尚明	浓厚、具品种特征
	汤色	金黄清澈	金黄	橙黄稍深	深黄泛红
	叶底	肥嫩软亮、红边鲜艳	肥厚软亮、红边明显	软亮、红边尚显	软亮、红边欠匀

奇种产品的感官品质如表6所示。

表6 奇种产品的感官品质

项目		级别			
		特级	一级	二级	三级
外形	条索	紧结重实	结实	尚结实	尚壮实
	色泽	翠润	油润	尚油润	尚润
	整碎	匀整	匀整	较匀整	尚匀整
	净度	洁净	洁净	较洁净	尚洁净
内质	香气	清高	清纯	尚浓	平正
	滋味	清醇甘爽、岩韵显	尚醇厚、岩韵明	尚醇正	欠醇
	汤色	金黄清澈	较金黄清澈	金黄稍深	橙黄稍深
	叶底	软亮匀齐、红边鲜艳	软亮较匀齐、红边明显	尚软亮匀整	欠匀稍亮

五、理化指标

武夷岩茶的理化指标应符合表7的规定。

表7 武夷岩茶的理化指标

项目		水分	总灰分	碎茶	粉末
指标/%	≤	6.5	6.5	15.0	1.3

六、地理标志产品保护范围

武夷岩茶地理标志产品保护范围限于福建省武夷山市所辖行政区域范围。

福建省武夷山市所辖行政区域范围图

七、标准基本信息

本标准的基本信息如表8所示。

表8　标准基本信息

发布时间：2006-07-18　　　　实施时间：2006-12-01　　　　状态：目前现行

本标准参与单位/责任人	具体单位/责任人
提出单位	全国原产地域产品标准化工作组
归口单位	全国原产地域产品标准化工作组
主要起草单位	福建省标准化协会 武夷山市茶叶学会 武夷山市质量技术监督局 中国标准化协会
主要起草人	高清火、叶华生、姚月明、王顺明、修明、陈树明、梁东、 周银茂、叶勇、张雯

单 丛

源自GB/T 30357.6-2017

一、术语定义

单丛 Dancong

以山茶属茶种茶树【*Camellia sinensis*（L.）O.Kuntze】单丛品系的叶、驻芽和嫩梢为原料，经适度萎凋、做青、杀青、揉捻、烘干等独特工序加工而成，具有特定品质特征的茶叶产品。

二、产品分类和实物标准样

单丛产品分为条形单丛和颗粒形单丛。

各品种、各等级均设实物标准样，每三年换样一次。

三、鲜叶质量要求

以山茶属茶种茶树〔*Camellia sinensis*（L.）O.Kuntze〕单丛品系的叶、驻芽和嫩梢为原料。

四、产品感官质量特征

产品应具有正常的色、香、味，无异味，无异嗅，无劣变。不含有非茶类物质，不着色，无任何添加剂。

条形单丛产品的感官品质应符合表1的规定。

表1　条形单丛产品的感官品质

级别	项目							
	外形				内质			
	条索	整碎	净度	色泽	香气	滋味	汤色	叶底
特级	紧结重实	匀整	洁净	褐润	花蜜香清高悠长	甜醇回甘、高山韵显	金黄明亮	肥厚软亮、匀整
一级	较紧结重实	较匀整	匀净	较褐润	花蜜香持久	浓醇回甘、蜜韵显	金黄尚亮	较肥厚软亮、较匀整
二级	稍紧结重实	尚匀整	尚匀、有细梗	稍褐润	花蜜香纯正	尚醇厚、蜜韵较显	深金黄	尚软亮

续表

级别	项目							
	外形				内质			
	条索	整碎	净度	色泽	香气	滋味	汤色	叶底
三级	稍紧结	尚匀	有梗片	褐欠润	蜜香显	尚醇稍厚	深金黄、稍暗	稍软欠亮

颗粒形单丛产品的感官品质应符合表2的规定。

表2 颗粒形单丛产品的感官品质

级别	项目							
	外形				内质			
	条索	整碎	净度	色泽	香气	滋味	汤色	叶底
特级	结实、卷曲	匀整	匀净	褐润	花蜜香悠长	甜醇回甘、高山韵显	金黄明亮	肥厚软亮
一级	较结实、卷曲	较匀整	较匀净、稍有细嫩梗	较褐润	花蜜香清纯	浓醇、蜜韵显	金黄尚亮	较肥厚软亮
二级	尚结实、卷曲	尚匀整	尚净、有细梗片	尚褐润	蜜香纯正	较醇厚、蜜韵尚显	深金黄	尚软亮
三级	稍结实、卷曲	欠匀整	有梗片	褐欠润	蜜香尚显	尚醇厚、有蜜韵	深金黄、稍暗	尚软亮

五、产品理化指标

单丛产品的理化指标应符合表3的规定。

表3 单丛产品的理化指标

项目		指标
水分/%（质量分数）	≤	7.0
水浸出物/%（质量分数）	≥	32.0
总灰分/%（质量分数）	≤	6.5
碎茶/%（质量分数）	≤	16.0
粉末/%（质量分数）	≤	1.3

六、标准基本信息

本标准的基本信息如表4所示。

表4 标准基本信息

发布时间：2017-09-07　　　　　实施时间：2018-01-01　　　　　状态：目前现行

本标准参与单位/责任人	具体单位/责任人
提出单位	中华全国供销合作总社
归口单位	全国茶叶标准化技术委员会（SAC/TC 339）
主要起草单位	广东宏伟集团有限公司 阳山县第一峰茶业有限公司 国家茶叶质量监督检验中心（福建） 福建日春茶业有限公司 福建年年香茶业股份公司 安溪县牧茗世家茶叶有限公司 福建省安溪县雾山茶业有限公司 福建省安溪凤岩保健茶有限公司 中华全国供销合作总社杭州茶叶研究院 泉州出入境检验检疫局综合技术服务中心 厦门华祥苑实业有限公司 泉州市洛江泉岩茶业有限公司 华南农业大学 福建农林大学 福建八马茶业有限公司 乳源瑶族自治县瑶乡茶业研究开发有限公司 肇庆市帅美投资有限公司 潮州市潮安区仙人峰茶业有限公司
主要起草人	陈伟忠、黄伙水、赖威祥、林锻炼、翁昆、董秀云、孙威江、陈文钦、王登良、蔡创钿、陈秀辉、陈思藩、王启灿、林荣溪、黄标生、胡永胜、陈若荣、苏新国、李天德、林先滨

水　仙

源自GB/T 30357.4-2015

一、术语定义

水仙 Shuixian

以山茶属茶种茶树【*Camellia sinensis*（L.）O.Kuntze】水仙的叶子、驻芽、嫩茎为原料，经适度萎凋、做青、杀青、揉捻、烘干等独特工序加工而成的水仙茶叶产品。

二、产品分类、等级和实物标准样

水仙产品分为条形水仙和紧压形水仙。各品种均分为特级、一级、二级、三级。

各品种、各等级均设实物标准样，每三年换样一次。

三、产品质量要求、分级要求

产品应具有正常的色、香、味，无异味，无异嗅，无劣变。不含有非茶类物质，不着色，无任何添加剂。

四、产品感官品质特征

条形水仙的感官品质应符合表1的规定。

表1　条形水仙的感官品质要求

级别	项目							
	外形				内质			
	条索	整碎	净度	色泽	香气	滋味	汤色	叶底
特级	壮结	匀整	洁净	乌油润	浓郁或清长	鲜醇浓爽或醇厚甘爽	橙黄明亮	肥厚软亮
一级	较壮结	匀整	匀净	较乌润	清香	较醇厚、尚甘	橙黄清澈	尚肥厚、软亮
二级	尚紧结	尚匀整	尚匀净	尚油润	清纯	尚浓	橙红	尚软亮
三级	粗壮	稍整齐	带细梗轻片	乌褐	纯和	稍淡	深橙红稍暗	欠亮

紧压形水仙的感官品质应符合表2的规定。

表2　紧压形水仙的感官品质要求

级别	项目				
	外形	内质			
		香气	滋味	汤色	叶底
特级	四方形或其他形状，平整，乌褐，绿油润	清高花香显	浓醇甘爽	橙黄明亮	肥厚明亮
一级	四方形或其他形状，平整，较乌褐，绿油润	清高	浓醇尚甘	尚橙黄明亮	尚肥厚明亮
二级	四方形或其他形状，较平整，乌褐稍润	清纯	醇和	橙黄	稍黄亮
三级	四方形或其他形状，较平整，乌褐	纯正	尚醇和	橙红	稍暗

五、理化指标

水仙的理化指标应符合表3的规定。

表3　水仙的理化指标

项　目		指　标	
		条形水仙	紧压水仙
水分/%（质量分数）	≤	7.0	
水浸出物/%（质量分数）	≥	32.0	
总灰分/%（质量分数）	≤	6.5	
碎茶/%（质量分数）	≤	16.0	—
粉末/%（质量分数）	≤	1.3	—

六、标准基本信息

本标准的基本信息如表4所示。

表4 标准基本信息

发布时间：2015-07-03　　　　　实施时间：2015-11-02　　　　状态：目前现行

本标准参与单位/责任人	具体单位/责任人
提出单位	中华全国供销合作总社
归口单位	全国茶叶标准化技术委员会（SAC/TC 339）
主要起草单位	国家茶叶质量监督检验中心（福建） 中华全国供销合作总社杭州茶叶研究院 福建农林大学 福建九峰农业发展有限公司 广东宏伟集团有限公司 福建省安溪县雾山茶业有限公司 武夷星茶业有限公司
主要起草人	孙威江、陈泉宾、黄伙水、翁昆、薛志慧、李方、林锻炼、陈磊、朱文伟、陈伟乔

肉　桂

源自GB/T 30357.5–2015

一、术语定义

肉桂 Rougui

以山茶属茶种茶树【*Camellia sinensis*（L.）O.Kuntze】肉桂的叶子、驻芽、嫩茎为原料，经适度萎凋、做青、杀青、揉捻、烘干等独特工序加工而成的茶叶产品。

二、产品质量要求

品质正常，无异味，无异嗅，无劣变。不含有非茶类物质，不着色，无任何添加剂。

三、产品感官品质特征

肉桂的感官品质应符合表1的要求。

表1　肉桂的感官品质要求

级别	项目							
	外形				内质			
	条索	整碎	净度	色泽	香气	滋味	汤色	叶底
特级	肥壮紧结、重实	匀整	洁净	油润	浓郁持久、似有乳香或蜜桃香或桂皮香	醇厚鲜爽	金黄清澈明亮	肥厚软亮、匀齐、红边明显
一级	较肥壮紧结、较重实	较匀整	较洁净	乌润	清高幽长	醇厚	橙黄较深	较软亮、匀齐、红边明显
二级	尚结实、稍重实	尚匀整	尚洁净	尚乌润、稍带褐红色或褐绿	清香	醇和	深黄泛红	红边欠匀

四、产品理化指标

肉桂的理化指标应符合表2的规定。

表2　肉桂的理化指标

项目		指标
水分/%（质量分数）	≤	7.0
水浸出物/%（质量分数）	≥	32.0
总灰分/%（质量分数）	≤	6.5
碎茶/%（质量分数）	≤	16.0
粉末/%（质量分数）	≤	1.3

五、标准基本信息

本标准的基本信息如表3所示。

表3　标准基本信息

发布时间：2015-07-03　　　　实施时间：2015-11-02　　　　状态：目前现行

本标准参与单位/责任人	具体单位/责任人
提出单位	中华全国供销合作总社
归口单位	全国茶叶标准化技术委员会（SAC/TC 339）
主要起草单位	福建农林大学安溪茶学院 武夷星茶业有限公司 中华全国供销合作总社杭州茶叶研究院 国家茶叶质量监督检验中心（福建） 泉州出入境检验检疫局 厦门清雅源实业有限公司 福建省农业科学院茶叶研究所 福建省产品质量检验研究院
主要起草人	孙威江、陈泉宾、薛志慧、翁昆、黄伙水、李方、林锻炼、陈磊、洪明楷、姜咸彪、晁倩林、黄红霞

佛　手

源自 GB/T 30357.7−2017

一、术语定义

佛手 Foshou

以山茶属茶种茶树【*Camellia sinensis*（Linnaeus.）O.Kuntze】佛手的叶子、驻芽和嫩梢为原料，经萎凋、做青、杀青、揉捻（包揉）、烘干等独特工艺加工而成的茶叶产品。

二、产品分类

清香型佛手

以佛手毛茶为原料，经过拣梗、筛分、风选、匀堆、干燥等特定工艺过程制成。

浓香型佛手

以佛手毛茶为原料，经过拣梗、筛分、风选、拼配、烘焙等特定工艺过程制成。

陈香型佛手

以佛手毛茶为原料，经过拣梗、筛分、风选、拼配、干燥（烘焙）、贮存五年以上等独特工艺制成的具有陈香品质特征的佛手产品。

三、鲜叶品质要求

以佛手的叶子、驻芽和嫩梢为原料。

四、产品感官品质特征

产品应具有正常的色、香、味，无异味，无劣变。不含有非茶类物质，不着色、无任何添加剂。

清香型佛手的感官指标应符合表1的规定。

表1　清香型佛手的感官指标

级别	项目							
	外形				内质			
	条索	整碎	净度	色泽	香气	滋味	汤色	叶底
特级	圆结、重实	匀整	洁净	乌绿润	清高、持久、品种香明显	醇厚甘爽	浅金黄、清澈明亮	肥厚软亮、匀整、叶片不规则、红点明
一级	尚圆结	匀整	洁净	乌绿尚润	尚清高、品种香尚明	清醇、尚甘爽	橙黄、清澈	尚肥厚、稍软亮、匀整、叶片不规则、红点尚明
二级	卷曲、尚结实	尚匀整	尚洁净、稍带细梗轻片	乌绿、稍带褐红	清纯、稍有品种香	尚清醇	橙黄、尚清澈	黄绿红边明、尚匀整

浓香型佛手的感官指标应符合表2的要求。

表2　浓香型佛手的感官指标

级别	项目							
	外形				内质			
	条索	整碎	净度	色泽	香气	滋味	汤色	叶底
特级	圆结、重实	匀整	洁净	青褐润	熟果香显、火功香轻	醇厚回甘	金黄、清澈明亮	肥厚软亮、匀整、叶片不规则红点明
一级	卷曲似海蛎干	匀整	洁净	青褐尚润	熟果香尚显、火功香稍足	醇厚尚甘	深金黄、清澈尚亮	尚肥厚软亮、匀整、叶片不规则红点明
二级	尚卷曲	尚匀整	尚洁净、稍有细嫩梗	乌褐	略有熟果香、火功香足	尚醇厚	橙江、尚清澈	尚软亮、红边明
三级	稍卷曲、略粗松	欠匀整	带细梗轻片	乌褐略暗	纯正、高火功香	平和略粗	红褐	稍粗硬
四级	粗松	欠匀整	带细梗轻片	乌褐略暗	高火功香、粗飘	平淡稍粗	泛红略暗	粗硬、暗褐

陈香型佛手的感官指标应符合表3的要求。

表3　陈香型佛手的感官指标

级别	项目							
	外形				内质			
	条索	整碎	净度	色泽	香气	滋味	汤色	叶底
特级	紧结	匀整	洁净	乌褐润	陈香浓郁	醇厚回甘、透陈香	深金黄、清澈	乌褐软亮、匀整
一级	卷曲似海蛎干	匀整	洁净	乌褐	陈香明显	醇和尚甘	橙红清澈	乌褐柔软、尚匀整
二级	尚卷曲	尚匀整	尚洁净、稍有细嫩梗	稍乌褐	陈香较明显	尚醇和	红褐	稍乌褐、略匀整
三级	稍卷曲、略粗松	欠匀整	带细梗轻片	乌黑	略有陈香	平和略粗	褐红	乌黑、稍粗硬、欠匀整

五、理化指标

佛手的理化指标应符合表4的规定。

表4 佛手的理化指标

项目		指标
水分/%（质量分数）	≤	7.0
水浸出物/%（质量分数）	≥	32.0
总灰分/%（质量分数）	≤	6.5
碎茶/%（质量分数）	≤	16.0
粉末/%（质量分数）	≤	1.3

六、标准基本信息

本标准的基本信息如表5所示。

表5 标准基本信息

发布时间：2017-11-01 实施时间：2018-05-01 状态：目前现行

本标准参与单位/责任人	具体单位/责任人
提出单位	中华全国供销合作总社
归口单位	全国茶叶标准化技术委员会（SAC/TC 339）
主要起草单位	泉州出入境检验检疫局综合技术服务中心 国家茶叶质量监督检验中心（福建） 福建省永春香橼茶叶有限公司 泉州市洛江泉岩茶业有限公司 福建日春茶业有限公司 福建省安溪县溪韵茶业有限公司 安溪县牧茗世家茶叶有限公司 福建年年香茶业股份有限公司 中华全国供销合作总社杭州茶叶研究院 福建省八马茶业有限公司 厦门华祥苑实业有限公司 厦门茶叶进出口有限公司 福建农林大学 福建省农业科学院茶叶研究所 广东第一峰茶业有限公司 永春县魁斗莉芳茶厂
主要起草人	黄伙水、林锻炼、翁昆、孙威江、董秀云、陈文钦、陈慧聪、王启灿、黄标生、陈万年、林荣溪、李天德、林先滨、陈志雄、杨宝荣、杨松伟、陈泉宾、赖威祥、谢良坡

永春佛手

源自 GB/T 21824−2008

一、术语定义

永春佛手 Yongchun Foshou tea

在永春佛手地理标志产品保护范围内的自然生态条件下，采用佛手茶树品种进行扦插繁育、栽培的茶树的鲜叶，按照独特的传统加工工艺制作而成的、具有佛手茶品质特征的乌龙茶。

二、产品分类、等级和实物标准样

永春佛手包括成品茶和精制成品茶两个品种。各品种按其感官特征从高到低分为五个级别，即：特级、一级、二级、三级、四级。各品种各等级分别设立实物标准样。

三、茶青质量要求

茶青肥壮、完整、新鲜、均匀，每梢为两个"定型叶"（即有两片叶子比较成熟），且符合下列要求之一：

小开面（顶叶面积为第二叶的20%～30%）采三至四叶；

中开面（顶叶面积为第二叶的31%～70%）采两至三叶；

大开面（顶叶面积为第二叶的71%～90%）采两叶；

一芽四叶；

对夹叶。

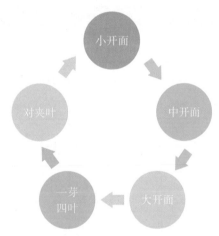

四、产品感官品质特征

产品应具有永春佛手品质特征，无非茶类夹杂物，无异味，无霉变，不着色，不添加任何添加剂。

各等级永春佛手成品茶的感官品质特征如表1所示。

表1　各等级永春佛手成品茶的感官品质特征

等级		一级	二级	三级	四级
外形	条索	肥壮、圆结、重实、匀整	肥壮、紧结、匀整	卷曲结实、稍匀整	尚卷曲、略粗松
	色泽	砂绿油润	砂绿、尚油润	乌绿、稍带褐红	暗红带褐红

续表

等级		一级	二级	三级	四级
内质	香气	浓郁，品种香明显	清高，品种香明显	清纯、品种香尚显	清淡、略带粗飘
	汤色	金黄、清澈明亮	橙黄清澈	橙黄、尚清澈	橙黄略深
	滋味	醇厚甘爽，品种特征明显	尚醇厚甘爽，品种特征尚明显	醇和、品种特征略显	清淡略粗
	叶底	肥厚、软亮、匀整、边鲜红	尚肥厚、稍软亮、匀整、红边明	黄绿有红边、尚软、尚匀整	暗绿、略带褐色、稍粗硬

各等级永春佛手精制成品茶的感官品质特征如表2所示。

表2 各等级永春佛手精制成品茶的感官品质特征

等级		特级	一级	二级	三级	四级
外形	条索	壮结重实	较壮结	尚壮结	稍粗松	粗松
	色泽	青褐、油润	青褐、尚油润	尚润、稍带乌褐	乌褐稍润	乌褐
	整碎	匀整	匀整	尚匀整	欠匀整	欠匀整
	净度	匀净	匀净	尚匀净	带细梗轻片	带细梗轻片
内质	香气	浓郁、品种香极显	清高、品种香明显	清纯、有品种香	纯正	平淡略粗
	滋味	醇厚甘爽、品种特征极显	醇厚、品种特征明显	尚醇厚、品质特征尚显	醇和	平淡略粗
	汤色	金黄、清澈明亮	金黄、清澈	尚金黄、清澈	橙黄	橙黄泛红
	叶底	肥厚软亮、匀整、红边明显	肥厚软亮、匀整、红边明显	尚软亮	稍花杂粗硬	粗硬、暗褐

五、产品理化指标

永春佛手的理化指标见表3。

表3 永春佛手的理化指标

项目		水分	碎茶	粉末	总灰分
成品茶/%	≤	7.0	—	1.3	6.5
精制成品茶/%	≤	7.0	12.0	1.3	6.5

六、地理标志产品保护范围

永春佛手地理标志产品保护范围限福建省泉州市永春县现辖行政区域。

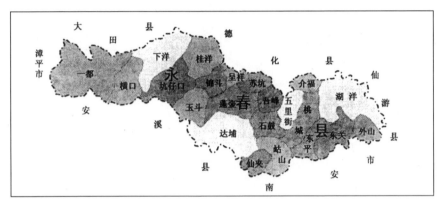

永春佛手地理标志产品保护范围图

七、标准基本信息

本标准的基本信息如表4所示。

表4 标准基本信息

发布时间：2008-05-05　　　　实施时间：2008-10-01　　　　状态：目前现行

本标准参与单位/责任人	具体单位/责任人
提出单位	全国原产地域产品标准化工作组
归口单位	全国原产地域产品标准化工作组
主要起草单位	福建省永春县质量技术监督局 福建省永春县农业局 福建省永春县苏坑镇政府 福建省永春县玉斗镇政府 永春县魁斗莉芳茶厂 福建省永春香橼茶叶有限公司
主要起草人	颜涌泉、曾金贵、林文章、黄素碧、郭琴婷、吴生伟、黄恒源、谢良坡、陈慧聪

黄金桂

源自GB/T 30357.3-2015

一、术语定义

黄金桂 Huangjingui

以山茶属茶种茶树【*Camellia sinensis*（Linnaeus）O.kuntze】黄旦的叶、驻芽和嫩茎为原料，依次经萎凋、做青、杀青、揉捻（包揉）、烘干等独特工艺加工而成的、具有特定品质特征的茶叶产品。

二、产品质量要求

产品应具有正常的色、香、味，无异味，无异嗅，无劣变。不含有非茶类物质，不着色，无任何添加剂。

三、产品感官品质特征

各等级黄金桂的感官品质要符合表1的规定。

表1　各等级黄金桂的感官品质特征

级别	项目							
	外形				内质			
	条索	整碎	净度	色泽	香气	滋味	汤色	叶底
特级	紧结	匀整	洁净	黄绿有光泽	花香清高持久	清醇鲜爽、品种特征显	金黄明亮	软亮、有余香
一级	紧实	尚匀整	尚洁净	尚黄绿	花香尚清高持久	醇、品种特征显	清黄	尚软亮、匀整

四、理化指标

黄金桂的理化指标应符合表2的规定。

表2　黄金桂的理化指标

项目		指标
水分/%（质量分数）	≤	7.5
水浸出物/%（质量分数）	≥	32.0

续表

项目		指标
总灰分/%（质量分数）	≤	6.5
碎茶/%（质量分数）	≤	16.0
粉末/%（质量分数）	≤	1.3

五、标准基本信息

本标准的基本信息如表3所示。

表3　标准基本信息

发布时间：2015-07-03　　　　　实施时间：2015-11-02　　　　状态：目前现行

本标准参与单位/责任人	具体单位/责任人
提出单位	中华全国供销合作总社
归口单位	全国茶叶标准化技术委员会（SAC/TC 339）
主要起草单位	国家茶叶质量监督检验中心（福建） 中华全国供销合作总社杭州茶叶研究院 福建省八马茶业有限公司 福建大自然茶业科技有限公司 福建农林大学 福建省安溪县溪韵茶业有限公司 厦门华祥苑实业股份有限公司 泉州出入境检验检疫局 安溪茶厂有限公司
主要起草人	罗晓薇、林锻炼、陈磊、翁昆、陈文钦、林荣溪、杨宝荣、孙威江、陈万年、林先滨、黄东方、黄伙水、李宗垣

台式乌龙茶

源自 GB/T 39563-2020

一、术语定义

台式乌龙茶 Taiwan style Oolong tea

采摘适制乌龙茶的茶树鲜叶为原料，按照萎凋、做青、杀青、回润、揉捻、干燥（烘焙）等台湾乌龙茶加工工艺制成的产品。

清香型 clean and fresh aroma type

茶叶产品香气表现为清新纯正。

熟香型 ripe fruity aroma type

茶叶产品香气带有熟果香。

蜜香型 honey and sweet aroma type

茶叶产品香气带有蜜果香。

二、产品分类、等级

台式乌龙茶产品根据加工工艺的不同，分为清香型、熟香型和蜜香型。

台式乌龙茶产品等级：特级、一级、二级和三级。

三、产品感官品质特征

各等级清香型台式乌龙茶产品的感官品质应符合表1的要求。

表1　各等级清香型台式乌龙茶产品的感官品质要求

级别		项目							
		外形				内质			
		形状	整碎	净度	色泽	香气	滋味	汤色	叶底
颗粒型	特级	圆结重实	匀整	洁净	墨绿油润	花香持久	甘醇鲜爽	蜜绿、清澈明亮	肥厚软亮
	一级	圆结重实	较匀整	较洁净	墨绿较润	花香显	醇爽	蜜绿明亮	软、匀亮
	二级	圆结较重实	尚匀整	尚净、有细梗	绿尚润	清香	较醇带爽	黄绿明亮	较软、尚匀
	三级	较圆结	尚匀	有梗片	尚绿	带清香	尚醇	黄绿尚亮	尚软
条形	特级	紧结重实	匀整	洁净	墨绿油润	花香持久	醇爽回甘	蜜绿、清澈明亮	肥厚软亮
	一级	较紧结重实	较匀整	较洁净	墨绿较润	花香显	醇爽	蜜绿明亮	软、匀亮

续表

级别		项目							
		外形				内质			
		形状	整碎	净度	色泽	香气	滋味	汤色	叶底
条形	二级	尚紧结重实	尚匀整	尚净、有细梗	绿尚润	清香	较醇	黄绿明亮	较软、尚匀
	三级	尚紧结	尚匀	有梗片	较绿	带清香	尚醇	黄绿尚亮	尚软

各等级熟香型台式乌龙茶产品的感官品质应符合表2的要求。

表2　各等级熟香型台式乌龙茶产品的感官品质要求

级别		项目							
		外形				内质			
		形状	整碎	净度	色泽	香气	滋味	汤色	叶底
颗粒型	特级	圆结重实	匀整	洁净	乌褐油润	果香显、持久	浓醇甘爽	金黄明亮	肥厚软亮
	一级	圆结较重实	较匀整	较洁净	乌褐较润	果香较显、较持久	醇厚较爽	橙黄明亮	软、匀亮
	二级	较紧结	尚匀整	尚净、有细梗	乌褐尚润	带果香	较醇厚	深橙黄较亮	较软、尚匀
	三级	尚紧结	尚匀	有梗片	乌褐	纯正	尚醇	深橙黄或橙红	尚软
条形	特级	紧结壮实	匀整	洁净	乌褐油润	果香显、持久	醇厚甘爽	金黄明亮	肥厚软亮
	一级	较肥壮紧结	较匀整	较洁净	乌褐较润	果香较显、较持久	较醇厚回甘	橙黄明亮	软、匀亮
	二级	尚紧结壮实	尚匀整	尚净、有细梗	乌褐尚润	带果香	醇和	橙黄	较软、尚匀
	三级	尚紧结	尚匀	有梗片	乌褐	纯正	尚醇	深橙黄或橙红	尚软

各等级蜜香型台式乌龙茶产品的感官品质应符合表3的要求。

表3 各等级蜜香型台式乌龙茶产品的感官品质要求

级别		项目							
		外形				内质			
		形状	整碎	净度	色泽	香气	滋味	汤色	叶底
朵形	特级	芽毫显露、芽叶连枝成朵	匀整	洁净	褐、绿、黄、红、白相间协调、油润	蜜果香持久	浓厚甘爽	琥珀色、清澈明亮	软匀明亮
	一级	芽毫较显、芽叶连枝成朵	较匀整	较洁净	色间协调、较油润	蜜果香显	醇厚较爽	橙黄明亮	软匀较亮
	二级	芽毫略显、芽叶连枝尚成朵	尚匀整	尚净	色间协调、尚润	蜜香较显	较醇爽	橙红较亮	较匀亮
	三级	带芽毫、芽叶尚成朵	尚匀	稍净	色间尚协调	带蜜香	醇和	橙红	尚匀
颗粒形	特级	紧结重实、白毫显	匀整	洁净	乌褐油润	花果蜜香持久	醇厚甘爽	橙黄清澈明亮	肥厚软亮
	一级	紧结较重实、带白毫	较匀整	较洁净	乌褐较润	花蜜香显	醇厚较爽	橙黄明亮	软、匀亮
	二级	较紧结	尚匀整	尚净、有细梗	乌褐尚润	蜜香较显	较醇厚	橙黄尚亮	较软、尚匀
	三级	尚紧结	尚匀	有梗片	乌褐	带蜜香	醇和	橙黄或橙红	尚软

四、理化指标

台式乌龙茶产品的理化指标应符合表4的规定。

表4 台式乌龙茶产品的理化指标

项目		指标
水分/%	≤	7.0
总灰分/%（以干物质计）	≤	6.5
水浸出物/%（质量分数）	≥	32.0
碎茶/%（质量分数）	≤	16.0
粉末/%（质量分数）	≤	1.3

五、标准基本信息

本标准的基本信息如表5所示。

表5 标准基本信息

发布时间：2020-11-19　　　　　实施时间：2021-06-01　　　　　状态：目前现行

本标准参与单位/责任人	具体单位/责任人
提出单位	福建省市场监督管理局
归口单位	福建省市场监督管理局
主要起草单位	福建农林大学 台湾茶叶学会 福建省茶产业标准化技术委员会 龙岩市漳平台湾农民创业园区管理委员会 中华全国供销合作总社杭州茶叶研究院 鹿谷乡农会 海峡两岸茶业交流协会 漳平市市场监督管理局 漳平市农业农村局 中国绿色食品发展中心 福建漳平台品茶叶有限公司 福建漳平鸿鼎农场开发有限公司 大同茶业股份有限公司 阿里山茶叶合作社 福建省标准化研究院 福建漳平九德茶业有限公司 福建漳平尚顺农场开发有限公司 福州文武雪峰农场有限公司 五指山悦泰园农业科技有限公司
主要起草人	孙威江、陈右人、林馥茗、商虎、邓冰斌、刘绍文、柯家耀、林献堂、尹祎、张亚丽、张宪、谢东庆、李志鸿、徐炳清、林云飞、林宪腾、林育丞、杨咏安、陈宏安、林君盈、叶朝宗、卢江海、文芳

175

漳平水仙茶

源自GH/T 1241-2019

一、术语定义

漳平水仙茶 Zhangpingshuixian tea

以漳平市行政区域内的福建水仙茶树的鲜叶为原料，经过萎凋（晒青）、晾青、做青、杀青、揉捻（造型）、烘干等独特工序加工而成的、具有特定品质特征的乌龙茶产品。

二、产品分类、等级和实物标准样

按照外形分类：产品分为漳平水仙茶（紧压四方形）和漳平水仙茶（散茶）。

按照工艺分类：产品分为清香型漳平水仙茶和浓香型漳平水仙茶。

在初制工艺中经文火烘干等特定工艺过程制成的茶叶产品称为清香型漳平水仙茶。

在初制工艺后经烘焙等特定工艺过程制成的茶叶产品称为浓香型漳平水仙茶。

实物标准样为每个等级的最低标准，各等级均设实物标准样，有效期为三年。

三、产品感官质量特征

产品应具有正常的色、香、味，无异味，无劣变，不含有非茶类物质，不着色，无任何添加剂。

漳平水仙茶（紧压四方形）的感官品质应符合表1、表2的要求。

表1 清香型漳平水仙茶（紧压四方形）的感官品质要求

级别	外形			内质			
	形状	净度	色泽	香气	滋味	汤色	叶底
特级	四方形	洁净	砂绿间蜜黄或乌褐油润	花香显、清高细长、馥郁、品种特征显	浓醇甘爽、品种特征显	金黄明亮	肥厚软亮、红边鲜明、匀齐
一级	四方形	洁净	乌褐（砂绿）油润	花香显、清高、品种特征尚显	浓醇、品种特征显	橙黄明亮	肥厚黄亮、红边鲜明、匀齐
二级	四方形	洁净	乌褐较润	清纯，带花香	醇厚	橙黄亮	软、黄亮、红边较匀齐
三级	四方形	洁净	乌褐尚润	纯正	醇和	橙黄	尚软、较亮、有红边
四级	四方形	洁净	乌褐	尚纯正	尚醇	深橙黄	尚软、尚亮、有红边

表2 浓香型漳平水仙茶（紧压四方形）的感官品质要求

级别	外形			内质			
	形状	净度	色泽	香气	滋味	汤色	叶底
特级	四方形	洁净	乌褐油润	浓郁	醇厚回甘、品种特征显	金黄、明亮	肥厚软亮、有红边
一级	四方形	洁净	乌褐油润	较浓郁	较醇厚、品种特征较显	深金黄、明亮	软亮、有红边
二级	四方形	洁净	乌褐较润	较浓	醇、尚浓	橙黄	较软亮、有红边
三级	四方形	洁净	乌褐尚润	尚浓	尚浓	深橙黄	尚软亮、有红边
四级	四方形	洁净	乌褐尚润	平正	平和	橙红	尚软、有红边

漳平水仙茶（散茶）的感官品质要求应符合表3、表4的要求。

表3 清香型漳平水仙茶（散茶）的感官品质要求

级别	外形				内质			
	形状	净度	整碎	色泽	香气	滋味	汤色	叶底
特级	壮结	洁净	匀整	砂绿油润	浓郁鲜锐、品种特征明显	浓醇鲜爽、品种特征显	金黄清澈明亮	肥嫩软亮、红边鲜艳
一级	壮结	洁净	匀整	砂绿尚油润	尚浓郁、品种特征明显	浓醇、品种特征尚显	金黄明亮	肥厚软亮、红边明显

续表

级别	外形				内质			
	形状	净度	整碎	色泽	香气	滋味	汤色	叶底
二级	壮实	较洁净	较匀整	黄褐尚润	较清纯、品种特征尚显	较浓醇	橙黄较明亮	软亮、红边尚显
三级	尚壮实	尚洁净	尚匀整	黄褐	纯正	尚浓	深橙黄尚明	尚软、有红边

表4　浓香型漳平水仙茶（散茶）的感官品质要求

级别	外形				内质			
	形状	净度	整碎	色泽	香气	滋味	汤色	叶底
特级	壮结	洁净	匀整	乌褐润	浓郁高长	醇厚甘爽	橙黄明亮	肥厚软亮
一级	较壮结	洁净	匀整	乌褐较润	较浓郁	较醇厚、尚甘	橙黄较明亮	尚肥厚软亮
二级	壮实	较洁净	较匀整	乌褐尚润	尚浓	尚浓醇	橙红尚亮	较软亮
三级	尚壮实	尚洁净	尚匀整	乌褐	平正	尚浓	橙红	尚软亮

四、理化指标

漳平水仙茶的理化指标应符合表5的规定。

表5　漳平水仙茶的理化指标

项目		指标	
		漳平水仙（散茶）	漳平水仙（紧压四方形）
水分/%（质量分数）	≤	7.0	
水浸出物/%（质量分数）	≥	32.0	
总灰分/%（质量分数）	≤	6.5	
碎茶/%（质量分数）	≤	16.0	—
粉末/%（质量分数）	≤	1.3	—

五、标准基本信息

本标准的基本信息如表6所示。

表6　标准基本信息

发布时间：2019-03-21　　　　　实施时间：2019-10-01　　　　　状态：目前现行

本标准参与单位/责任人	具体单位/责任人
提出单位	全国茶叶标准化技术委员会（SAC/TC 339）
归口单位	中华全国供销合作总社
主要起草单位	漳平市农业局 福建陈泰昌茶业发展有限公司 福建农林大学 漳平市供销合作社 漳平市茶叶协会 中华全国供销合作总社杭州茶叶研究院 漳平市水仙茶行业协会 漳平市九鹏茶叶有限公司 福建秀雨农业发展有限公司 福建大用生态综合发展有限公司 漳平市聚缘茶业发展有限公司 厦门弘仙茶业有限公司 龙岩市御江南茶业有限公司
主要起草人	邬新荣、刘素惠、邓冰斌、孙威江、郭雅玲、翁昆、林梅桂、姜贞旺、林赞煌、官瑞菲、颜翠娥、席海勤、邓长海、刘建朝、郑文海、陈清木、杨迎春、丁星、邓长捷、张士超

诏安八仙茶

源自GH/T 1236-2018

一、术语定义

诏安八仙茶 Zhaoan Baxian tea

以漳州市诏安具所辖区域内的山茶属茶种【*Camellia sinensis*（L.）O.Kun-tze】八仙茶树的鲜叶为原料，经萎凋、做青、杀青、揉捻、干燥等工序加工而成的乌龙茶产品。

二、产品等级和实物标准样

产品依据感官品质要求分为四个等级，即特级、一级、二级、三级。
各产品等级均设实物标准样，为每个等级的最低标准，每三年配换一次。

三、产品感官品质特征

产品应有正常的色、香、味，无异味，无劣变，不着色，不含有非茶类物质，无任何添加剂。
诏安八仙茶的感官品质应符合表1的要求。

表1 诏安八仙茶的感官品质

级别	外形				内质			
	条索	整碎	色泽	净度	香气	滋味	汤色	叶底
特级	紧结壮实	匀整	青褐带蜜黄、油润	匀净	馥郁持久、品种香突出	浓厚甘爽	橙黄明亮	柔软明亮、红边鲜明
一级	紧结较壮实	较匀整	青褐、较油润	较匀净	清高持久、品种香明显	醇厚爽口	橙黄较亮	柔软、红边明显

续表

级别	外形				内质			
	条索	整碎	色泽	净度	香气	滋味	汤色	叶底
二级	较紧结	尚匀整	乌褐略带黄褐	尚匀净	清香、尚持久	醇厚	橙黄	较柔软
三级	尚紧结	尚匀整	乌褐带黄褐	略带黄片	纯正	味浓略涩	深黄	尚柔软

四、理化指标

诏安八仙茶的理化指标应符合表2的规定。

表2　诏安八仙茶的理化指标

项目		指标
水分/%（质量分数）	≤	7.0
总灰分/%（质量分数）	≤	6.5
水浸出物/%（质量分数）	≥	32.0
碎茶/%（质量分数）	≤	16.0
粉末/%（质量分数）	≤	1.3

五、标准基本信息

本标准的基本信息如表3所示。

表3　标准基本信息

发布时间：2018-11-29　　　　实施时间：2019-03-01　　　　状态：目前现行

本标准参与单位/责任人	具体单位/责任人
提出单位	中华全国供销合作总社
归口单位	全国茶叶标准化技术委员会（SAC/TC339）
主要起草单位	福建农林大学 中华全国供销合作总社杭州茶叶研究院 诏安绿缘茶业有限公司 诏安县农业局 厦门茶叶进出口有限公司 国家茶叶质量监督检验中心（福建）
主要起草人	孙威江、林馥茗、商虎、翁昆、陈应华、胡伟义、张亚丽、 张雪波、黄云勇、吴俊光、许秀斌、陈志雄、卢秋华、陈慧聪

工夫红茶
源自GB/T 13738.2-2017

一、术语定义

工夫红茶 Congou black tea

工夫红茶以茶树【*Camellia sinensis*（Linnaeus.）O.Kuntze】的芽、叶、嫩茎为原料，经萎凋、揉捻、发酵、干燥和精制加工工艺制成。

二、产品分类、等级和实物标准样

工夫红茶根据茶树品种和产品要求的不同，分为大叶种工夫红茶和中小叶种工夫红茶两种产品。两种产品各分为特、一、二、三、四、五、六级。

每种产品的每一等级均设实物标准样，每三年更换一次。

三、产品感官品质特征

各等级大叶种工夫红茶产品的感官品质如表1所示。

表1　各等级大叶种工夫红茶产品的感官品质

级别	项目							
	外形				内质			
	条索	整碎	净度	色泽	香气	滋味	汤色	叶底
特级	肥壮紧结多锋苗	匀齐	净	乌褐油润、金毫显露	甜香浓郁	鲜浓醇厚	红艳	肥嫩多芽、红匀明亮
一级	肥壮紧结有锋苗	较匀齐	较净	乌褐润、多金毫	甜香浓	鲜醇较浓	红尚艳	肥嫩有芽、红匀亮
二级	肥壮紧实	匀整	尚净、稍有嫩茎	乌褐尚润、有金毫	香浓	醇浓	红亮	柔嫩、红尚亮
三级	紧实	较匀整	尚净、有筋梗	乌褐、稍有毫	纯正尚浓	醇尚浓	较红亮	柔软、尚红亮
四级	尚紧实	尚匀整	有梗朴	褐欠润、略有毫	纯正	尚浓	红尚亮	尚软尚红
五级	稍松	尚匀	多梗朴	棕褐稍花	尚纯	尚浓略涩	红欠亮	稍粗、尚红稍暗
六级	粗松	欠匀	多梗多朴片	棕稍枯	稍粗	稍粗涩	红稍暗	粗、花杂

各等级中小叶种工夫红茶产品的感官品质如表2所示。

表2　各等级中小叶种工夫红茶产品的感官品质

级别	项目							
	外形				内质			
	条索	整碎	净度	色泽	香气	滋味	汤色	叶底
特级	细紧多锋苗	匀齐	净	乌黑油润	鲜嫩甜香	醇厚甘爽	红明亮	细嫩显芽、红匀亮

级别	项目							
	外形				内质			
	条索	整碎	净度	色泽	香气	滋味	汤色	叶底
一级	紧细有锋苗	较匀齐	净、稍含嫩茎	乌润	嫩甜香	醇厚爽口	红亮	匀嫩有芽、红亮
二级	紧细	匀整	尚净、有嫩茎	乌尚润	甜香	醇和尚爽	红明	嫩匀、红尚亮
三级	尚紧细	较匀整	尚净、稍有筋梗	尚乌润	纯正	醇和	红尚明	尚嫩匀、尚红亮
四级	尚紧	尚匀整	有梗朴	尚乌稍灰	平正	纯和	尚红	匀匀尚红
五级	稍粗	尚匀	多梗朴	棕黑稍花	稍粗	稍粗	稍红暗	稍粗硬、尚红稍花
六级	较粗松	欠匀	多梗多朴片	棕稍枯	粗	较粗淡	暗红	粗硬、红暗花杂

四、产品理化指标

工夫红茶的理化指标应符合表3的规定。

表3　工夫红茶的理化指标

项目		指标		
		特级、一级	二级、三级	四级、五级、六级
水分/%（质量分数） ≤		7.0		
总灰分/%（质量分数） ≤		6.5		
粉末/%（质量分数） ≤		1.0	1.2	1.5
水浸出物/%（质量分数） ≥	大叶种工夫红茶	36.0	34.0	32.0
	中小叶种工夫红茶	32.0	30.0	28.0
水溶性灰分，占总灰分/%（质量分数） ≥		45.0		
水溶性灰分碱度（以KOH计）/%（质量分数）		≥1.0*；≤3.0*		
酸不溶性灰分/%（质量分数） ≤		1.0		
粗纤维/%（质量分数） ≤		16.5		

续表

项目		指标		
		特级、一级	二级、三级	四级、五级、六级
茶多酚/%（质量分数） ≥	大叶种工夫红茶	9.0		
	中小叶种工夫红茶	7.0		
注：茶多酚、水溶性灰分、水溶性灰分碱度、酸不溶性灰分、粗纤维为参考指标。				
*当以每100g磨碎样品的毫克当量表示水溶性灰分碱度时，其限量为：最小值17.8；最大值53.6。				

五、标准基本信息

本标准的基本信息如表4所示。

表4 标准基本信息

发布时间：2017-11-01   实施时间：2018-05-01   状态：目前现行

本标准参与单位/责任人	具体单位/责任人
提出单位	中华全国供销合作总社
归口单位	全国茶叶标准化技术委员会（SAC/TC 339）
主要起草单位	中华全国供销合作总社杭州茶叶研究院 福建新坦洋集团股份有限公司 福建农林大学 国家茶叶质量监督检验中心 四川农业大学 湖南省茶业集团股份有限公司 四川省茶业集团股份有限公司 宁德市产品质量检验所 江西井冈红茶业有限公司 福建省华茗茶叶研究所 中茶湖南安化第一茶厂有限公司 大不同集团有限公司 杭州艺福堂茶业有限公司 中国茶叶流通协会
主要起草人	翁昆、张锦华、赵玉香、孙威江、林影、张亚丽、周卫龙、齐桂年、尹钟、蔡红兵、王兴进、唐潮、董青华、姚呈祥、苏锦平、李晓军、朱仲海

坦洋工夫

源自GB/T 24710-2009

一、术语定义

坦洋工夫 Tanyang Gongfu tea

在坦洋工夫地理标志产品保护范围内的自然生态环境条件下，采自坦洋菜茶和适制红茶的优良茶树的幼嫩芽叶，采用工夫红茶初制和精制的传统加工工艺，制成具有特定品质特征的红茶。

二、产品等级

坦洋工夫茶分为特级、一级、二级、三级与相应等级的紧压茶。

三、鲜叶质量要求

鲜叶原料采摘标准：单芽、一芽一叶至二叶。

鲜叶原料采摘要求：分批及时按标准采摘，不采虫伤芽、霜冻芽。

四、产品感官品质特征

产品不含有非茶类杂物和任何添加剂、茶叶洁净、品质正常、无劣变、无异味。

坦洋工夫的感官品质应符合表1的规定。

表1 坦洋工夫的感官品质

项目	外形				内质			
	条索	整碎	净度	色泽	香气	滋味	汤色	叶底
特级	肥嫩紧细、毫显、多锋苗	匀整	洁净	乌黑油润	甜香浓郁	鲜浓醇	红艳	细嫩柔软红亮
一级	肥嫩紧细、有锋苗	匀整	较洁净	乌润	甜香	鲜醇较浓	较红艳	柔软红亮
二级	较肥壮紧实	较匀整	较净、稍有嫩茎	较乌润	香较高	较醇厚	红尚亮	红尚亮
三级	尚紧实	尚匀整	尚净、有筋梗	乌尚润	纯正	醇和	红	红欠匀
紧压茶	方形、圆形或心形等；纹理清晰、平滑紧实、厚薄均匀、色泽乌润				参照上述各等级内质感官品质特征的指标要求			

五、产品理化指标

坦洋工夫的理化指标应符合表2的规定。

表2 坦洋工夫的理化指标

项目	指标		
	特级	一级、二级	三级
水分/% ≤	7.0		
总灰分/% ≤	6.5		
碎茶/% ≤	3.0	3.0	5.0
粉末/% ≤	0.5	1.0	1.5
水浸出物/% ≥	32.0		30.0
注：各级紧压茶理化指标参照上述各等级指标要求。			

六、地理标志产品保护范围

坦洋工夫地理标志产品保护范围限于福建省福安市现辖行政区域。

坦洋工夫地理标志产品保护范围图

七、标准基本信息

本标准的基本信息如表3所示。

表3　标准基本信息

发布时间：2009-11-30　　　　实施时间：2010-05-01　　　　状态：目前现行

本标准参与单位/责任人	具体单位/责任人
提出单位	全国原产地域产品标准化工作组
归口单位	全国原产地域产品标准化工作组
主要起草单位	福安市标准化计量测试学会 福安市茶业协会 福安市茶业事业局 福建坦洋工夫茶业股份有限公司
主要起草人	姚信恩、王晖、张方舟、陈玉成、陈成基、陈如春、林光华、 林鸿、傅佛华、王水金

小种红茶

源自GB/T 13738.3-2012

一、产品分类、等级和实物标准样

小种红茶根据产地、加工和品质的不同，分为正山小种和烟小种两种产品。

正山小种是指产于武夷山市星村镇桐木村及武夷山自然保护区域内的茶树鲜叶，用当地传统工艺制作，独具似桂圆干香味或松烟香的红茶产品。根据产品质量，分为特级、一级、二级、三级，共四个级别。

烟小种是指产于武夷山自然保护区域外的茶树鲜叶，以工夫红茶的加工工艺制作，最后经松烟熏制而成、具松烟香味的红茶产品。根据产品质量，分为特级、一级、二级、三级、四级，共五个级别。

每种产品的每一等级均设实物标准样，每三年更换一次。

二、产品感官品质特征

正山小种产品各等级的感官品质应符合表1的规定。

表1　正山小种产品各等级的感官品质要求

级别	项目							
	外形				内质			
	条索	整碎	净度	色泽	香气	滋味	汤色	叶底
特级	壮实紧结	匀齐	净	乌黑油润	纯正高长、似桂圆干香或松烟香明显	醇厚回甘、显高山韵、似桂圆汤味明显	橙红明亮	尚嫩较软有皱褶、古铜色匀齐
一级	尚壮实	较匀齐	稍有茎梗	乌尚润	纯正、有似桂圆干香	厚尚醇回甘、尚显高山韵、似桂圆汤味尚明	橙红尚亮	有皱褶、古铜色稍暗、尚匀亮
二级	稍粗实	尚匀整	有茎梗	欠乌润	松烟香稍淡	尚厚、略有似桂圆汤味	橙红欠亮	稍粗硬、铜色稍暗
三级	粗松	欠匀	带粗梗	乌、显花杂	平正、略有松烟香	稍粗、似桂圆汤味欠明、平和	暗红	稍花杂

烟小种产品各等级的感官品质应符合表2的规定。

表2　烟小种产品各等级的感官品质要求

级别	项目							
	外形				内质			
	条索	整碎	净度	色泽	香气	滋味	汤色	叶底
特级	紧细	匀整	净	乌黑润	松烟香浓长	醇和尚爽	红明亮	嫩匀、红尚亮
一级	紧结	较匀整	净稍含嫩茎	乌黑稍润	松烟香浓	醇和	红尚亮	尚嫩匀、尚红亮
二级	尚紧结	尚匀整	稍有茎梗	乌黑欠润	松烟香尚浓	尚醇和	红欠亮	摊张、红欠亮
三级	稍粗松	尚匀	有茎梗	黑褐稍花	松烟香稍淡	平和	红稍暗	摊张稍粗、红暗
四级	粗松弯曲	欠匀	多茎梗	黑褐花杂	松烟香淡、略带粗青气	粗淡	暗红	粗老、暗红

三、理化指标

小种红茶的理化指标应符合表3的规定。

表3　小种红茶的理化指标

项目			指标	
			特级～一级	二级～四级
水分/%（质量分数）		≤	7.0	
总灰分/%（质量分数）		≤	7.0	
粉末/%（质量分数）		≤	1.0	1.2
水浸出物/%（质量分数）	正山小种	≥	34.0	32.0
	烟小种	≥	32.0	30.0

四、标准基本信息

本标准的基本信息如表4所示。

表4　标准基本信息

发布时间：2012-12-31　　　　实施时间：2013-07-01　　　　状态：目前现行

本标准参与单位/责任人	具体单位/责任人
提出单位	中华全国供销合作总社
归口单位	全国茶叶标准化技术委员会（SAC/TC 339）
主要起草单位	中华全国供销合作总社杭州茶叶研究院 福建武夷山国家级自然保护区正山茶业有限公司 福建农林大学
主要起草人	赵玉香、翁昆、江元勋、沈红、孙威江、张亚丽

红碎茶

源自GB/T 13738.1-2017

一、术语定义

红碎茶 Broken black tea

红碎茶以茶树【*Camellia sinensis*（Linnaeus.）O.Kuntze】的芽、叶、嫩茎为原料，经萎凋、揉切、发酵、干燥等工艺加工制成。

二、产品分类

红碎茶产品根据茶树品种的不同，分为大叶种红碎茶和中小叶种红碎茶两种。

三、产品感官品质特征

各规格大叶种红碎茶的感官品质要求如表1所示。

表1　各规格大叶种红碎茶的感官品质要求

规格	项目				
	外形	内质			
		香气	滋味	汤色	叶底
碎茶1号	颗粒紧实、金毫显露、匀净、色润	嫩香强烈持久	浓强鲜爽	红艳明亮	嫩匀红亮
碎茶2号	颗粒紧实、重实、匀净、色润	香高持久	浓强尚鲜爽	红艳明亮	红匀明亮
碎茶3号	颗粒紧实、尚重实、较匀净、色润	香高	鲜爽尚浓强	红亮	红匀明亮
碎茶4号	颗粒尚紧结、尚匀净、色尚润	香浓	浓尚鲜	红亮	红匀亮
碎茶5号	颗粒尚紧、尚匀净、色尚润	香浓	浓厚尚鲜	红亮	红匀亮
片茶	片状皱褶、尚匀净、色尚润	尚高	尚浓厚	红明	红匀尚明亮
末茶	细砂粒状、较重实、较匀净、色尚润	纯正	浓强	深红尚明	红匀

中小叶种红碎茶各规格的感官品质要求如表2所示。

表2　中小叶种红碎茶各规格的感官品质要求

规格	项目				
	外形	内质			
		香气	滋味	汤色	叶底
碎茶1号	颗粒紧实、重实、匀净、色润	香高持久	鲜爽浓厚	红亮	嫩匀红亮
碎茶2号	颗粒紧结、重实、匀净、色润	香高	鲜浓	红亮	尚嫩匀红亮
碎茶3号	颗粒较紧结、尚重实、尚匀净、色尚润	香浓	尚浓	红明	红尚亮
片茶	片状皱褶、匀齐、色尚润	纯正	平和	尚红明	尚红
末茶	细砂粒状、匀齐、色尚润	尚高	尚浓	深红尚亮	红稍暗

四、产品理化指标

红碎茶的理化指标应符合表3的规定。

表3　红碎茶的理化指标

项目	指标	
	大叶种红碎茶	中小叶种红碎茶
水分/%（质量分数）　≤	7.0	
总灰分/%（质量分数）	≥4.0；≤8.0	
粉末/%（质量分数）　≤	2.0	
水浸出物/%（质量分数）　≥	34.0	32.0
水溶性灰分，占总灰分/%（质量分数）　≥	45.0	
水溶性灰分碱度（以KOH计）/%（质量分数）	≥1.0*；≤3.0*	
酸不溶性灰分/%（质量分数）　≤	1.0	
粗纤维/%（质量分数）　≤	16.5	
茶多酚/%（质量分数）　≥	9.0	
注：水溶性灰分、水溶性灰分碱度、酸不溶性灰分、粗纤维、茶多酚为参考指标。		
*当以每100g磨碎样品的毫克当量表示水溶性灰分碱度时，其限量为：最小值17.8；最大值53.6。		

五、标准基本信息

本标准的基本信息如表4所示。

表4 标准基本信息

发布时间：2017-11-01   实施时间：2018-05-01   状态：目前现行

本标准参与单位/责任人	具体单位/责任人
提出单位	中华全国供销合作总社
归口单位	全国茶叶标准化技术委员会（SAC/TC 339）
主要起草单位	中华全国供销合作总社杭州茶叶研究院 福建新坦洋集团股份有限公司 福建农林大学 国家茶叶质量监督检验中心 四川农业大学 湖南省茶业集团股份有限公司 四川省茶业集团股份有限公司 大不同集团有限公司 杭州艺福堂茶业有限公司 中国茶叶流通协会
主要起草人	翁昆、张锦华、赵玉香、孙威江、林影、张亚丽、周卫龙、齐桂年、尹钟、颜泽文、苏锦平、李晓军、朱仲海

米砖茶

源自 GB/T 9833.8-2013

一、产品分类和实物标准样

米砖茶分为特级米砖茶和普通米砖茶。标准实物样为品质的最低界限，每五年更换一次。

二、产品感官品质特征

产品品质应符合标准实物样。

外形：砖面平整、棱角分明、厚薄一致、图案清晰，砖内无黑霉、白霉、青霉等霉菌；特级米砖茶乌黑油润，普通米砖茶黑褐稍泛黄。

内质：特级米砖茶香气纯正、滋味浓醇、汤色深红，叶底红匀；普通米砖茶香气平正、滋味尚浓醇、汤色深红、叶底红暗。

特级米砖特征：

乌黑油润　香气纯正　滋味浓醇

汤色深红　叶底红匀

普通米砖特征：

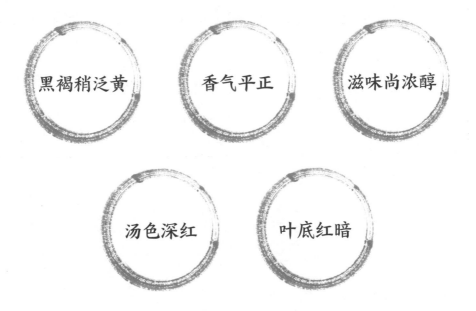

黑褐稍泛黄　香气平正　滋味尚浓醇

汤色深红　叶底红暗

三、产品理化指标

米砖茶的理化指标应符合表1的规定。

表1　米砖茶的理化指标

项目		指标	
		特级米砖茶	普通米砖茶
水分/%（质量分数）　≤		9.5（计重水分为9.5%）	
总灰分/%（质量分数）　≤		7.5	8.0
非茶类夹杂物/%（质量分数）　≤		0.2	
水浸出物/%（质量分数）　≥		30.0	28.0
注：采用计重水分换算茶砖的净含量。			

四、标准基本信息

本标准的基本信息如表2所示。

表2　标准基本信息

发布时间：2013-07-19　　　　　　实施时间：2013-12-06　　　　　　状态：目前现行

本标准参与单位/责任人	具体单位/责任人
提出单位	中华全国供销合作总社
归口单位	全国茶叶标准化技术委员会（SAC/TC 339）
主要起草单位	中华全国供销合作总社杭州茶叶研究院 中国茶叶流通协会 湖北省赵李桥茶厂有限公司
主要起草人	翁昆、杨秀芳、王庆、吴锡端、任雪涛、甘多平、梅宇、张亚丽

红　茶

源自 NY/T 780-2004

一、术语定义

红茶

用茶树【*Camellia sinensis*（L.）K】新梢的芽、叶、嫩茎，经过萎凋、揉捻、（切碎）、发酵、干燥等工艺加工，表现出红色特征的茶。

名优红茶

用嫩度或匀净度较优的鲜叶原料，经过萎凋、揉捻、发酵、做型、干燥等特殊工艺加工，具有独特品质风格的红茶。

二、产品分类、等级

工夫红茶

经过萎凋、揉捻、发酵、干燥等工艺加工的条形红茶，按原料品种分为大叶种工夫红茶和小叶种工夫红茶。分别分为特级、一级、二级、三级、四级、五级、六级。

红碎茶

经过萎凋、揉捻、切碎、发酵、干燥等工艺加工的颗粒形红茶，分为叶茶、碎茶、片茶和末茶四个花色，各花色的规格根据贸易需要确定。

小种红茶

经过萎凋、揉捻、发酵、熏焙、干燥等工艺加工的条形红茶，分为一级、二级、三级、四级。

名优红茶

原料嫩度优于其他红茶，通过特殊加工工序，形成具有独特品质风格的红茶。质量等级按企业标准确定。

三、产品感官品质特征

各品名、等级、花色的感官品质应符合本级品质特征要求。贸易应符合双方合同规定的成交要求。

大叶种工夫红茶的感官品质特征要求如表1所示。

表1　大叶种工夫红茶的感官品质特征

级别	外形	汤色	香气	滋味	叶底
特级	肥嫩，金毫披露，棕润匀整	红艳明亮	甜香浓郁	浓爽鲜甜	肥嫩匀齐，红亮显芽
一级	肥壮显锋苗，棕润匀整	红明亮	甜香高长	浓，甜醇	肥软匀整，红亮
二级	壮实整齐，棕褐较润	红明	甜香纯正	浓醇	红亮完整，肥大
三级	壮实尚匀整，稍有梗片	红较亮	尚高	醇正	较红亮，较软
四级	尚紧，尚匀，有梗片	红尚亮	纯和	平和	红尚亮，欠软
五级	粗大欠匀，有梗朴片	深红	稍有粗气	稍粗	暗红，粗大
六级	粗松欠匀，多梗朴片	暗红	粗气	粗涩	色暗，粗大质硬

小叶种工夫红茶的感官品质特征要求如表2所示。

表2　小叶种工夫红茶的感官品质特征

级别	外形	汤色	香气	滋味	叶底
特级	细秀显芽，乌润匀整	红亮清澈	甜香细腻	鲜醇甜润	细巧匀齐，红亮显芽
一级	细嫩露锋苗，乌润匀整	红亮	甜香持久	甜爽	细嫩匀整，红亮
二级	细紧整齐，色乌较润	红明	带甜香	甜醇	红亮完整，柔软
三级	紧实尚匀整，稍有梗片	红较亮	纯正	醇正	较红亮，较软
四级	尚紧结，有梗片	尚红亮	纯和	平和	红尚亮，欠软
五级	粗实欠匀，有梗朴片	红欠亮	稍有粗气	稍粗淡	暗红，粗大
六级	粗松欠匀，多梗朴片	暗红	粗气	粗淡	色暗，粗大质硬

红碎茶各花色的感官品质特征的最低要求如表3所示。各种贸易规格的红碎茶均不得低于相应的花色要求。

表3　红碎茶的感官品质特征

花色	外形	汤色	香气	滋味	叶底
叶茶	条索紧卷，尚润，有嫩茎	红亮	高纯	醇厚	红亮
碎茶	颗粒紧实，色润	红亮	高纯	浓厚	红亮
片茶	片状褶皱，尚匀	尚亮	平正	醇正	红尚亮
末茶	细沙粒状，重实匀净，尚润	深红	纯正	醇正	红匀尚亮

小种红茶的感官品质特征要求如表4所示。

表4　小种红茶的感官品质特征

级别	外形	汤色	香气	滋味	叶底
一级	紧直重实，匀整，色黑	红明	具浓厚松烟香	醇厚带甜	深红嫩匀
二级	紧实色黑，较匀	深红	香高，富松烟香	醇厚	红尚亮，尚嫩
三级	壮实色黑，尚匀	深红尚亮	带松烟香	醇正	暗红，尚软
四级	粗松，色黑显枯	深红欠亮	稍粗	平和	暗红粗大

名优红茶的感官品质特征要求如表5所示。

表5　名优红茶的感官品质特征

外形	汤色	香气	滋味	叶底
嫩匀，造形独特，金毫披露	红艳明亮，清澈	甜（花）香持久	鲜甜爽口	红亮鲜活，嫩度不低于一芽一叶初展

四、产品理化指标

红茶的理化指标如表6所示。

表6　红茶的理化指标

项目		指标
水分/%（m/m）	≤	6.5
浸出物/%（m/m）	≥	32.0

续表

项目		指标
总灰分/%（m/m）	≤	6.5
粉末/%（m/m）	≤	3.0

五、标准基本信息

本标准的基本信息如表7所示。

表7　标准基本信息

发布时间：2004-04-16　　　　实施时间：2004-06-01　　　　状态：目前现行

本标准参与单位/责任人	具体单位/责任人
提出单位	中华人民共和国农业农村部
主要起草单位	农业农村部茶叶质量监督检验测试中心 浙江省农业厅经济作物管理局
主要起草人	鲁成银、刘栩、毛祖法、金寿珍、叶阳

祁门工夫红茶

源自GH/T 1178-2019

一、术语定义

祁门工夫红茶 KEEMUN Congou Black Tea

以安徽省祁门县辖区域为核心产区及毗邻的传统产区的祁门槠叶种及其他适制品种的茶树鲜叶为原料，按照初制（萎凋、揉捻、发酵、干燥等）和精制（筛制、切细、风选、拣剔、补火、拼配、匀堆等）工艺加工而成的、具有"祁门香"品质特征的条形红茶。

祁门香 KEEMUN sweet candy scent

具有花香、果香和蜜糖香等独特地域风味的香型。

二、产品分级和实物标准样

祁门工夫红茶产品级别依据感官品质要求分为：礼茶、特茗、特级、一级、二级、三级、四级。

每级设一个实物标准样，每三年换配一次，实物标准样的制备应符合GB/T 18795的规定。

 花香

 果香

 蜜糖香

三、产品感官品质特征

祁门工夫红茶的感官品质应符合表1的要求。

表1　祁门工夫红茶的感官品质要求

级别	外形				内质			
	条索	整碎	净度	色泽	香气	滋味	汤色	叶底
礼茶	细嫩挺秀金毫显露	匀齐	洁净	乌油润	毫香显祁门香显	鲜醇甘爽	红艳明亮	细嫩多芽柔软、红匀明亮
特茗	细嫩露毫金毫显露	匀齐	洁净	乌油润	甜香浓祁门香显	鲜醇甘爽	红艳明亮	细嫩显芽、柔软、红匀明亮
特级	细嫩挺秀锋苗显	匀整	洁净	乌润	甜香祁门香显	甜醇爽口	红艳明	红艳匀亮细嫩显芽
一级	细紧显锋苗	较匀整、匀齐	净	乌较润	甜香有祁门香	甜醇	红艳	红艳、柔嫩有芽
二级	紧细有锋苗	较匀整	尚净	乌尚润	甜香显	醇厚	红亮	红亮嫩匀
三级	尚紧细	尚匀整	尚净、稍有茎	尚乌润	有甜香	醇和	红尚亮	红亮尚嫩匀
四级	尚紧	尚匀	尚净、稍有茎梗	乌	纯正	醇	红明	红尚匀

四、产品理化指标

祁门工夫红茶的理化指标应符合表2的规定。

表2　祁门工夫红茶的理化指标

项目		要求	
		礼茶、特茗、一级、二级	三级、四级
水分/%	≤	7.0	
总灰分/%（以干物质计）	≤	6.5	
水浸出物/%（质量分数）	≥	32.0	30.0
粉末/%（质量分数）	≤	1.0	

五、标准基本信息

本标准的基本信息如表3所示。

表3 标准基本信息

发布时间：2019-11-28　　　　　实施时间：2020-03-01　　　　　状态：目前现行

本标准参与单位/责任人	具体单位/责任人
提出单位	中华全国供销合作总社
归口单位	全国茶叶标准化技术委员会（SAC/TC 339）
主要起草单位	中华全国供销合作总社杭州茶叶研究院 安徽省祁门红茶研究会 祥源茶业股份有限公司 黄山市祁门县百年红茶叶有限公司 杭州艺福堂茶业有限公司
主要起草人	翁昆、吴锡端、陆国富、刘同意、张亚丽、徐乾、李晓军

信阳红茶

源自 GH/T 1248-2019

一、术语定义

信阳红茶 Xinyang black tea

以信阳市行政区域内的茶树鲜叶为原料，经萎凋、揉捻、发酵、干燥和精制加工工艺制成的、具有特定品质的条形红茶。

二、产品等级和实物标准样

信阳红茶依据感官品质分为：金芽、特级、一级、二级、三级。

每级设一个实物标准样，每三年更换一次。

三、产品感官品质特征

品质正常、无劣变、无异味，不含有非茶类夹杂物，不加入任何添加物。

信阳红茶的感官品质应符合表1的规定。

表1 信阳红茶的感官品质要求

级别	外形				内质			
	条索	整碎	净度	色泽	香气	汤色	滋味	叶底
金芽	紧细多锋苗	匀齐	净	棕润、金毫显露	鲜嫩甜香	橙红明亮	鲜醇甘爽	细嫩匀整、红亮
特级	紧细有锋苗	匀齐	净	棕尚润、多金毫	嫩甜香	红亮	醇厚爽口	嫩匀、红亮
一级	紧细	较匀齐	尚净	乌润、有金毫	甜香	红明	较醇厚、尚爽	嫩尚匀、红尚亮

续表

级别	外形				内质			
	条索	整碎	净度	色泽	香气	汤色	滋味	叶底
二级	尚紧细	匀整	尚净、有嫩茎	乌尚润、略有毫	有甜香	红尚明	尚醇厚	尚嫩匀、尚红亮
三级	尚紧	较匀整	有嫩茎	尚乌润	纯正	尚红	尚醇	尚匀、尚红

四、产品理化指标

信阳红茶的理化指标应符合表2的规定。

表2 信阳红茶的理化指标

项目		要求
水分/%（质量分数）	≤	7.0
总灰分/%（质量分数）	≤	6.5
水浸出物/%（质量分数）	≥	32.0
粉末/%（质量分数）	≤	1.0

五、标准基本信息

本标准的基本信息如表3所示。

表3 标准基本信息

发布时间：2019-10-01　　　　实施时间：2019-03-21　　　　状态：目前现行

本标准参与单位/责任人	具体单位/责任人
提出单位	全国茶叶标准化技术委员会（SAC/TC 339）
归口单位	中华全国供销合作总社
主要起草单位	信阳农林学院 中华全国供销合作总社杭州茶叶研究院 信阳市茶叶协会 信阳市农业科学院 信阳市文新茶叶有限责任公司 河南蓝天茶业有限公司 信阳市广义茶叶有限公司
主要起草人	郭桂义、张亚丽、孙慕芳、陈义、尹鹏、王子浩、刘威、杨转、张永瑞、张久谦、吕立哲、张洁、刘佳、张杰磊、郑杰、蒋双丰、刘文新、冯备仓、李广义

英德红茶

源自GH/T 1243-2019

一、术语定义

英德红茶 Yingde black tea

在英德红茶区域范围内，以英红九号、传统大叶种（凤凰水仙、连南大叶、罗坑大叶、云南大叶等地方群体品种）以及广东省育成的其他无性系中小叶种茶树的鲜叶为原料，按照特定工艺加工而成的条形红茶。

蔗甜兰韵 as sugar cane juice with aroma of orchid

英德红茶茶汤滋味中表现出来的清甜带兰香的复合香味特征。

二、产品分类和实物标准样

根据茶树品种不同分为英德红茶（英红九号）、英德红茶（传统大叶种）、英德红茶（中小叶种）三类。

各品种各等级实物标准样每三年更换一次。实物标准样的制备应符合GB/T 18795的规定。

三、产品感官品质特征

品质正常，无劣变、无异味，不含有非茶类夹杂物，不加入任何添加物。

各等级英德红茶（英红九号）的感官品质应符合表1的要求。

表1　各等级英德红茶（英红九号）的感官品质要求

等级	外形	内质			
		香气	汤色	滋味	叶底
特级一等（金毫）	芽头肥壮，满披金毫略显黑线，色泽金黄鲜润，匀净	嫩甜兰香带毫香，幽长	金红明亮	鲜醇爽口，蔗甜，兰韵明显	全芽，肥硕柔软，铜红匀亮或嫩红明亮
特级二等（金毛毫）	条索肥壮多金毫，色泽金黄间乌褐，鲜润，匀净	嫩甜香带毫香，清新细长	红艳明亮	浓厚鲜爽，蔗甜，兰韵显	嫩红匀亮，或铜红匀亮
一级	较肥壮，显金毫，乌褐润，匀净	清甜香带毫香，香持久	红较艳，明亮，显金圈	浓醇鲜爽，蔗甜，兰韵尚显	肥嫩，红匀较亮
二级	紧结壮实，有金毫，乌褐润，较匀净	甜香较持久	橙红明亮	较浓醇，较甜爽	叶张舒展，较肥软，较匀齐，较红亮
三级	紧结弯曲较肥壮，乌褐尚润，较匀净	甜香尚显	橙红较亮	尚醇和，尚甜爽	尚软，尚红匀

各等级英德红茶（传统大叶种）的感官品质应符合表2的要求。

表2　各等级英德红茶（传统大叶种）的感官品质要求

等级	外形	内质			
		汤色	香气	滋味	叶底
特级	芽头肥壮，满披金毫，色金黄，润，匀净	橙红明亮	嫩甜，带毫香，幽长	鲜醇甘爽	全芽，嫩红匀亮
一级	条索较肥壮，多金毫，色乌褐，润，匀净	红艳明亮	嫩甜，带毫香，持久	浓醇甜爽	嫩匀有芽，红亮
二级	条索壮结，金毫尚显，乌褐润，较匀净	红艳较亮	甜香带花香，持久	较浓醇甜爽	柔软，红较亮，较匀齐
三级	条索较壮结，有毫，乌褐较润，较匀净	红较亮	甜香略带花香，尚持久	甜醇尚浓爽	尚柔软，红尚亮，尚匀齐
四级	条索壮实，褐尚润，尚匀净，有梗	红明	有甜香	醇和尚爽	褐红尚明，叶质尚软，尚匀齐

各等级英德红茶（中小叶种）的感官品质应符合表3的要求。

表3 各等级英德红茶（中小叶种）的感官品质要求

等级	外形	内质			
		香气	汤色	滋味	叶底
特级	紧细，乌润，匀净	甜香，花香显，持久	橙红明亮	甜醇鲜爽	嫩匀有芽，红亮
一级	紧结，乌较润，匀净	甜香带花香，持久	橙红明亮	浓醇甜爽	嫩匀，红亮
二级	较紧结，乌褐较润，较匀净	甜香带花香，较持久	橙红较亮	浓较醇，较甜爽	较嫩匀，红尚亮
三级	尚紧结，褐较润，尚匀净	甜香略带花香，尚长	橙红尚亮	浓尚醇	尚嫩匀，尚红
四级	紧实，褐尚润，尚匀	有甜香	深红	尚醇	尚软，尚红

四、产品理化指标

英德红茶的理化指标均应符合表4的规定。

表4 英德红茶的理化指标

项目		指标	
水分/%（质量分数）	≤	6.5	
粉末/%（质量分数）	≤	1.0	
总灰分/%（质量分数）	≤	7.0	
水浸出物/%（质量分数）	≥	英德红茶（英红九号）	36.0
		英德红茶（传统大叶种）	36.0
		英德红茶（中小叶种）	32.0

五、英德红茶区域范围

英德红茶区域范围图

六、标准基本信息

本标准的基本信息如表5所示。

表5　标准基本信息

发布时间：2019-3-21　　　　　　实施时间：2019-10-01　　　　　　状态：目前现行

本标准参与单位/责任人	具体单位/责任人
提出单位	全国茶叶标准化技术委员会（SAC/TC 339）
归口单位	中华全国供销合作总社
主要起草单位	广东省供销合作联社 广东省农业科学院茶叶研究所 广东天成茶业有限公司 广东优茶大数据股份有限公司 清远市农业局 英德市农业局 英德市茶业行业协会 广东省茶叶收藏与鉴赏协会
主要起草人	陈栋、操君喜、黄国资、吴华玲、马绵霞、赵冉、郭满华、 张志刚、余雄辉、林彤、施轶俊、廖侦成

九曲红梅茶

源自GH/T 1116-2015

一、术语定义

九曲红梅茶 jiuqu hongmei tea

以杭州市西湖区所辖区域内适制九曲红梅茶的茶树芽叶为原料，采用传统的萎凋、揉捻、发酵、干燥工艺，在当地加工而成的卷曲形工夫红茶。

二、产品等级和实物标准样

九曲红梅茶产品等级依据感官品质要求分为：特级、一级、二级、三级。实物标准样为每个等级的最低标准，每三年配换一次。

三、产品感官品质特征

九曲红梅茶的感官品质要求如表1所示。

表1 各等级九曲红梅茶的感官品质要求

级别	外形				内质			
	条索	整碎	色泽	净度	香气	滋味	汤色	叶底
特级	细紧卷曲、多锋苗	匀齐	乌黑油润	净	鲜嫩甜香	鲜醇甘爽	橙红明亮	细嫩显芽、红匀亮
一级	紧细卷曲、有锋苗	较匀齐	乌润	净、稍含嫩茎	嫩甜香	醇和爽口	橙红亮	匀嫩有芽、红亮
二级	紧细卷曲	匀整	乌尚润	尚净、有嫩茎	清纯有甜香	醇和尚爽	橙红明	嫩匀、红尚亮
三级	卷曲、尚紧细	较匀整	尚乌润	尚净、稍有筋梗	纯正	醇和	橙红尚明	尚嫩匀、尚红亮

四、产品理化指标

九曲红梅茶的理化指标应符合表2的规定。

表2　九曲红梅茶的理化指标

项目		要求
水分/%（质量分数）	≤	7.0
总灰分/%（质量分数）	≤	6.5
水浸出物/%（质量分数）	≥	34.0
粉末/%（质量分数）	≤	1.0

五、产区地域范围

九曲红梅茶的产区地域范围如下所示。

九曲红梅茶产区地域范围图

六、标准基本信息

本标准的基本信息如表3所示。

表3　标准基本信息

发布时间：2015-12-30　　　　　　实施时间：2016-06-01　　　　　状态：目前现行

本标准参与单位/责任人	具体单位/责任人
提出单位	中华全国供销合作总社
归口单位	全国茶叶标准化技术委员会（SAC/TC 339）
主要起草单位	中华全国供销合作总社杭州茶叶研究院 杭州市标准化研究院 杭州九曲红梅茶业有限公司 杭州福海堂茶业有限公司
主要起草人	翁昆、杜威、包兴伟、张关富、许燕君、黄安

黑　茶

源自GB/T 32719.1-2016

一、术语定义

黑茶 dark tea

以茶树【*Camellia sinensis*（L.）O.Kuntze】鲜叶和嫩梢为原料，经杀青、揉捻、渥堆、干燥等加工工艺制成的产品。

渥堆 pile-fermentation

在一定的温、湿度条件下，通过茶叶堆积促使其内含物质缓慢变化的过程。

再加工茶 reprocessing tea

以茶叶为原料，采用特定工艺加工的、供人们饮用或食用的产品。

二、产品分类、等级和实物标准样

黑茶产品分为散茶和紧压茶。产品应根据加工工艺和品质的不同来区分和命名。

各产品宜设实物标准样，每五年换样一次，实物标准样的制备应符合GB/T 18795的规定。

三、产品质量要求和感官品质特征

产品应具有正常的色、香、味，无异味、无异嗅、无劣变。不含有非茶类物质，不着色，无任何添加剂。

各产品的感官品质应符合该产品标准的要求。

四、产品理化指标

黑茶的理化指标应符合表1的规定。

表1　黑茶的理化指标

项目		指标	
		散茶	紧压茶
水分/%（质量分数）	≤	12.0	15.0（计重水分为12.0%）
总灰分/%（质量分数）	≤	8.0	8.5
水浸出物/%（质量分数）	≥	24.0	22.0
粉末/%（质量分数）	≤	1.5	—
茶梗/%（质量分数）	≤	根据各产品实际制定	
注：采用计重水分换算成品茶的净含量。			

五、标准基本信息

本标准的基本信息如表2所示。

表2　标准基本信息

发布时间：2016-06-14　　　　　　实施时间：2017-01-01　　　　　　状态：目前现行

本标准参与单位/责任人	具体单位/责任人
提出单位	中华全国供销合作总社
归口单位	全国茶叶标准化技术委员会（SAC/TC 339）
主要起草单位	中华全国供销合作总社杭州茶叶研究院 湖南农业大学 湖南省茶业集团股份有限公司 华南农业大学
主要起草人	翁昆、刘仲华、尹钟、肖力争、王登良、张亚丽、谭月萍

茯砖茶

源自GB/T 9833.3-2013

一、术语定义

茯砖茶以黑毛茶为主要原料，经过毛茶筛分、半成品拼配、渥堆、蒸汽压制成型、发花、干燥、成品包装等工艺制成。

二、产品等级和实物标准样

茯砖茶不分等级。实物标准样为品质的最低界限，每五年更换一次。

三、产品感官品质特征

产品的感官品质应符合实物标准样。

外形：砖面平整，棱角分明，厚薄一致，色泽黄褐色，发花普遍，砖内无黑霉、白霉、青霉、红霉等杂菌。

内质：香气纯正，汤色橙黄，滋味纯和无涩味。

色泽黄褐色
发花普遍

香气纯正

汤色橙黄

滋味纯和
无涩味

四、产品理化指标

茯砖茶的理化指标应符合表1的规定。

表1　茯砖茶的理化指标

项目		指标
水分/%（质量分数）	≤	14.0（计重水分12.0%）
总灰分/%（质量分数）	≤	9.0
茶梗/%（质量分数）	≤	20.0（其中长于30 mm的茶梗不得超过1.0%）
非茶类夹杂物/%（质量分数）	≤	0.2
水浸出物/%（质量分数）	≥	20.0
冠突散囊菌（CFU/g）	≥	20×10^4
注：采用计重水分换算茶砖的净含量。		

五、标准基本信息

本标准的基本信息如表2所示。

表2 标准基本信息

发布时间：2013-07-19　　　　实施时间：2013-12-06　　　　状态：目前现行

本标准参与单位/责任人	具体单位/责任人
提出单位	中华全国供销合作总社
归口单位	全国茶叶标准化技术委员会（SAC/TC 339）
主要起草单位	中华全国供销合作总社杭州茶叶研究院 中国茶叶流通协会 湖南省茶业有限公司 湖南省益阳茶厂有限公司 浙江武义骆驼九龙砖茶有限公司 湖南省白沙溪茶厂有限责任公司 陕西苍山茶业有限责任公司
主要起草人	翁昆、杨秀芳、王庆、吴锡端、崔胜伏、彭雄根、刘雪慧、祝雅松、刘杏益、刘新安、梅宇、张亚丽、纪晓明

黑砖茶

源自GB/T 9833.2-2013

一、术语定义

黑砖茶以黑毛茶为主要原料，经过毛茶筛分、半成品拼配、渥堆、蒸汽压制成型、干燥、成品包装等工艺制成。

二、产品分类、等级和实物标准样

黑砖茶不分等级。实物标准样为品质的最低界限，每五年更换一次。

三、产品感官品质特征

感官品质应符合实物标准样。

外形：砖面平整，图案清晰，棱角分明，厚薄一致，色泽黑褐，无黑霉、白霉、青霉等霉菌。

内质：香气纯正或带松烟香，汤色橙黄，滋味醇和微涩。

色泽黑褐　香气纯正或带松烟香　汤色橙黄　滋味醇和微涩

四、产品理化指标

黑砖茶的理化指标应符合表1的规定。

表1 黑砖茶的理化指标

项目		指标
水分/%（质量分数）	≤	14.0（计重水分为12.0%）
总灰分/%（质量分数）	≤	8.5
茶梗/%（质量分数）	≤	18.0（其中长于30 mm的茶梗不得超过1.0%）
非茶类夹杂物/%（质量分数）	≤	0.2
水浸出物/%（质量分数）	≥	21.0
注：采用计重水分换算茶砖的净含量。		

五、标准基本信息

本标准的基本信息如表2所示。

表2　标准基本信息

发布时间：2013-07-19　　　　　实施时间：2013-12-06　　　　状态：目前现行

本标准参与单位/责任人	具体单位/责任人
提出单位	中华全国供销合作总社
归口单位	全国茶叶标准化技术委员会（SAC/TC 339）
主要起草单位	中华全国供销合作总社杭州茶叶研究院 中国茶叶流通协会 湖南省茶业有限公司 湖南省白沙溪茶厂有限责任公司 湖南省益阳茶厂有限公司 浙江武义骆驼九龙砖茶有限公司
主要起草人	翁昆、杨秀芳、王庆、吴锡端、尹钟、刘新安、刘雪慧、崔胜伏、祝雅松、梅宇、曾学军、张岭苓、张亚丽

金尖茶

源自 GB/T 9833.7—2013

一、术语定义

金尖茶以四川雅安及周边地区的做庄茶及金玉茶（晒青毛茶）为主要原料，经过毛茶整理、半成品拼配、蒸汽压制定型、干燥、成品包装等工艺过程制成。

二、产品等级和实物标准样

金尖茶分为特制金尖和普通金尖。实物标准样为品质的最低界限，每五年更换一次。

三、产品感官品质特征

感官品质应符合实物标准样，各等级金尖茶的感官品质应符合表1的规定。

表1 金尖茶的感官品质

项目	要求	
	特制金尖	普通金尖
外形	圆角长方体，较紧实、无脱层、色泽棕褐，尚油润。砖内无黑霉、白霉、青霉等霉菌	圆角长方体，稍紧实、色泽黄褐。砖内无黑霉、白霉、青霉等霉菌
内质	香气纯正、陈香显，汤色红亮，滋味淳正，叶底棕褐花杂、带梗	香气较纯正，汤色红褐、尚明，滋味纯和，叶底棕褐花杂、多梗

四、产品理化指标

金尖茶的理化指标应符合表2的规定。

表2　金尖茶的理化指标

项目		指标	
		特制金尖	普通金尖
水分/%（质量分数）	≤	16.0（计重水分14.0%）	
总灰分/%（质量分数）	≤	8.0	8.5
茶梗/%（质量分数）	≤	10.0（其中长于30 mm的茶梗不得超过1.0%）	15.0（其中长于30 mm的茶梗不得超过1.0%）
非茶类夹杂物/%（质量分数）	≤	0.2	
水浸出物/%（质量分数）	≥	25.0	18.0
注：采用计重水分换算茶砖的净含量。			

五、标准基本信息

本标准的基本信息如表3所示。

表3　标准基本信息

发布时间：2013-07-19　　　　实施时间：2013-12-06　　　　状态：目前现行

本标准参与单位/责任人	具体单位/责任人
提出单位	中华全国供销合作总社
归口单位	全国茶叶标准化技术委员会（SAC/TC 339）
主要起草单位	中华全国供销合作总社杭州茶叶研究院 中国茶叶流通协会 四川省雅安茶厂股份有限公司
主要起草人	翁昆、杨秀芳、王庆、李朝贵、吴锡端、刘真华、梅宇、 余栋刚、张亚丽

紧 茶

源自GB/T 9833.6-2013

一、术语定义

紧茶以晒青毛茶为主要原料，经过毛茶匀堆筛分、拣剔、渥堆、拼配、蒸汽压制定型、干燥、成品包装等工艺过程制成。

二、产品等级和实物标准样

紧茶不分等级。实物标准样为品质的最低界限，每五年更换一次。

三、产品感官品质特征

感官品质应符合实物标准样。

外形：长方形小砖块（或心脏形），表面紧实，厚薄均匀，色泽尚乌、有毫，砖内无黑霉、白霉、青霉等霉菌。

内质：香气纯正，汤色橙红尚明，滋味浓厚，叶底尚嫩欠匀。

色泽尚乌有毫　香气纯正　汤色橙红尚明　滋味浓厚　叶底尚嫩

四、产品理化指标

紧茶的理化指标应符合表1的规定。

表1　紧茶的理化指标

项目		指标
水分/%（质量分数）	≤	13.0（计重水分为10.0%）
总灰分/%（质量分数）	≤	7.5
茶梗/%（质量分数）	≤	8.0（其中长于30 mm的茶梗不得超过1.0%）
非茶类夹杂物/%（质量分数）	≤	0.2
水浸出物/%（质量分数）	≥	36.0
注：采用计重水分换算茶砖的净含量。		

五、标准基本信息

本标准的基本信息如表2所示。

表2　标准基本信息

发布时间：2013-07-19　　　　　实施时间：2013-12-06　　　　　状态：目前现行

本标准参与单位/责任人	具体单位/责任人
提出单位	中华全国供销合作总社
归口单位	全国茶叶标准化技术委员会（SAC/TC 339）
主要起草单位	中华全国供销合作总社杭州茶叶研究院 中国茶叶流通协会 云南下关沱茶（集团）股份有限公司
主要起草人	翁昆、杨秀芳、王庆、陈国风、吴锡端、褚九云、梅宇、 杨春琦、张亚丽

康砖茶

源自GB/T 9833.4-2013

一、术语定义

康砖茶以四川雅安及周边地区的做庄茶及金玉茶（晒青毛茶）为主要原料，经过毛茶整理、半成品拼配、蒸汽压制定型、干燥、成品包装等工艺过程制成。

二、产品等级和实物标准样

康砖茶分为特制康砖和普通康砖两个等级。实物标准样为品质的最低界限，每五年更换一次。

三、产品感官品质特征

康砖茶的感官品质应符合实物标准样，各等级康砖茶的感官品质应符合表1的规定。

表1　康砖茶的感官品质

项目	要求	
	特制康砖	普通康砖
外形	圆角长方体，表面平整紧实，洒面明显，色泽棕褐油润。砖内无黑霉、白霉、青霉等霉菌	圆角长方体，表面尚平整，洒面尚明显，色泽棕褐。砖内无黑霉、白霉、青霉等霉菌
内质	香气纯正、陈香显，汤色红亮，滋味醇厚，叶底棕褐稍花杂、带细梗	香气较纯正、汤色红褐、尚明，滋味醇和，叶底棕褐花杂、带梗

四、产品理化指标

康砖茶的理化指标应符合表2的规定。

表2　康砖茶的理化指标

项目		指标	
		特制康砖	普通康砖
水分/%（质量分数）	≤	16.0（计重水分14.0%）	
总灰分/%（质量分数）	≤	7.5	
茶梗/%（质量分数）	≤	7.0（其中长于30 mm的茶梗不得超过1.0%）	8.0（其中长于30 mm的茶梗不得超过1.0%）
非茶类夹杂物/%（质量分数）	≤	0.2	
水浸出物/%（质量分数）	≥	28.0	26.0

注：采用计重水分换算茶砖的净含量。

五、标准基本信息

本标准的基本信息如表3所示。

表3　标准基本信息

发布时间：2013-07-19　　　　　实施时间：2013-12-06　　　　　状态：目前现行

本标准参与单位/责任人	具体单位/责任人
提出单位	中华全国供销合作总社
归口单位	全国茶叶标准化技术委员会（SAC/TC 339）
主要起草单位	中华全国供销合作总社杭州茶叶研究院 中国茶叶流通协会 四川省雅安茶厂有限公司
主要起草人	翁昆、杨秀芳、王庆、李朝贵、吴锡端、刘真华、梅宇、余栋刚、张亚丽

青砖茶

源自GB/T 9833.9-2013

一、术语定义

青砖茶以老青茶为主要原料，经过蒸汽压制定型、干燥、成品包装等工艺过程制成。

二、产品等级和实物标准样

青砖茶不分等级。实物标准样为品质的最低界限，每五年更换一次。

三、产品感官品质特征

感官品质应符合实物标准样。

外形：砖面光滑，棱角整齐，紧结平整，色泽青褐，压印纹理清晰，砖内无黑霉、白霉、青霉等霉菌。

内质：香气纯正，滋味醇和，汤色橙红，叶底暗褐。

四、产品理化指标

青砖茶的理化指标应符合表1的规定。

表1　青砖茶的理化指标

项目		指标
水分/%（质量分数）	≤	12.0（计重水分为12.0%）
总灰分/%（质量分数）	≤	8.5
茶梗/%（质量分数）	≤	20.0（其中长于30 mm的茶梗不得超过1.0%）
非茶类夹杂物/%（质量分数）	≤	0.2
水浸出物/%（质量分数）	≥	21.0
注：采用计重水分换算茶砖的净含量。		

五、标准基本信息

本标准的基本信息如表2所示。

表2　标准基本信息

发布时间：2013-07-19　　　　　实施时间：2013-12-06　　　　　状态：目前现行

本标准参与单位/责任人	具体单位/责任人
提出单位	中华全国供销合作总社
归口单位	全国茶叶标准化技术委员会（SAC/TC 339）
主要起草单位	中华全国供销合作总社杭州茶叶研究院 中国茶叶流通协会 湖北省赵李桥茶厂有限公司 湖南省茶业有限公司 浙江武义骆驼九龙砖茶有限公司
主要起草人	翁昆、杨秀芳、王庆、任雪涛、吴锡端、甘多平、周重旺、 尹钟、祝雅松、张亚丽

沱 茶

源自 GB/T 9833.5-2013

一、术语定义

沱茶以晒青毛茶为主要原料，经过毛茶匀堆筛分、拣剔、半成品拼配、蒸汽压制定型、干燥、成品包装等工艺过程制成。

二、产品等级和实物标准样

沱茶不分等级。实物标准样为品质的最低界限，每五年更换一次。

三、产品感官品质特征

感官品质应符合实物标准样。

外形：碗臼形，紧实、光滑，色泽墨绿、白毫显露，无黑霉、白霉、青霉等霉菌。

内质：香气纯浓，汤色橙黄尚明，滋味浓醇，叶底嫩匀尚亮。

色泽墨绿白毫显露　香气纯浓　汤色橙黄尚明　滋味浓醇　叶底嫩匀尚亮

四、产品理化指标

沱茶的理化指标应符合表1的规定。

表1 沱茶的理化指标

项目		指标
水分/%（质量分数）	≤	9.0
总灰分/%（质量分数）	≤	7.0
茶梗/%（质量分数）	≤	3.0
非茶类夹杂物/%（质量分数）	≤	0.2
水浸出物/%（质量分数）	≥	36.0

五、标准基本信息

本标准的基本信息如表2所示。

表2 标准基本信息

发布时间：2013-07-19　　　　实施时间：2013-12-06　　　　状态：目前现行

本标准参与单位/责任人	具体单位/责任人
提出单位	中华全国供销合作总社
归口单位	全国茶叶标准化技术委员会（SAC/TC 339）
主要起草单位	中华全国供销合作总社杭州茶叶研究院 中国茶叶流通协会 云南下关沱茶（集团）股份有限公司
主要起草人	翁昆、杨秀芳、王庆、陈国凤、吴锡端、褚九云、梅宇、 杨春琦、张亚丽

茯 茶

源自GB/T 32719.5-2018

一、术语定义

茯茶 Fu tea

以黑毛茶为主要原料，经过毛茶筛分、半成品拼配、渥堆、汽蒸、发花、干燥、检验、成品包装等工艺生产的散状黑茶产品，或以黑毛茶为主要原料，经过毛茶筛分、半成品拼配、渥堆，汽蒸、压制成型、发花、干燥、检验、成品包装等工艺制成的条形、圆形状等各种形状的成品和此成品再改形的黑茶产品。

手筑茯茶 manual compressed Fu tea

采用人工的力量和模具压制成型的茯茶产品。

机制茯茶 mechanical compressed Fu tea

采用机器压力机和模具压制成型的茯茶产品。

二、产品分类、等级和实物标准样

茯茶分散状茯茶和压制茯茶。

散状茯茶产品分特级和一级。

压制茯茶产品分为机制茯茶和手筑茯茶。

各等级均设实物标准样，每三年更换一次。

三、产品感官品质特征

散状茯茶的感官品质应符合表1的要求。

表1　散状茯茶的感官品质

级别	外形				内质			
	条索	整碎	色泽	净度	香气	滋味	汤色	叶底
特级	紧结	尚匀齐	乌黑、油润，金花茂盛、无杂菌	净	纯正菌花香	醇厚	橙黄或橙红尚亮	黄褐，尚嫩，叶片尚完整
一级	尚紧结	匀整	乌褐尚润，金花茂盛、无杂菌	尚净	纯正菌花香	醇和	橙黄尚亮	黄褐，叶片尚完整

压制茯茶的感官品质应符合表2的要求。

表2　压制茯茶的感官品质

类别	外形	内质			
		香气	滋味	汤色	叶底
手筑	松紧适度，发花茂盛，无杂菌	纯正菌花香	醇正	橙黄明亮	黄褐，叶片尚完整
机制	松紧适度，发花茂盛，无杂菌	纯正菌花香	醇正	橙黄明亮	黄褐，叶片尚完整

四、产品理化指标

茯茶的理化指标应符合表3的规定。

表3　茯茶的理化指标

项目		指标			
		散状茯茶		压制茯茶	
		特级	一级	机制	手筑
水分/%	≤	12.0		13.0（计重水分12.0%）	
总灰分/%	≤	7.5		8.0	
茶梗/%（质量分数）	≤	6.0	8.0	10.0	8.0
水浸出物/%（质量分数）	≥	26.0	24.0	24.0	24.0
冠突散囊菌/（CFU/g）	≥	20×10^4			
注：采用计重水分换算成成品茶的净含量。					

五、标准基本信息

本标准的基本信息如表4所示。

表4 标准基本信息

发布时间：2018-02-06　　　　实施时间：2018-06-01　　　　状态：目前现行

本标准参与单位/责任人	具体单位/责任人
提出单位	中华全国供销合作总社
归口单位	全国茶叶标准化技术委员会（SAC/TC 339）
主要起草单位	湖南农业大学 益阳市农业委员会 中华全国供销合作总社杭州茶叶研究院 湖南省茶业集团股份有限公司 湖南省益阳茶厂有限公司 湖南省白沙溪茶厂股份有限公司 湖南中茶茶业有限公司 咸阳泾渭茯茶有限公司 安化县茶业协会 浙江武义骆驼九龙砖茶有限公司 湖南省益阳市农产品质量检验检测中心
主要起草人	刘雪慧、肖力争、刘仲华、翁昆、尹钟、彭雄根、肖益平、熊嘉、刘杏益、曾学军、纪晓明、祝雅松、黄燕、张岭苓、张亚丽、陈苏敏

六堡茶

源自 GB/T 32719.4-2016

一、术语定义

六堡茶 Liupao tea

选用苍梧县群体种、大中叶种及其分离、选育的品种、品系茶树【*Camellia sinensis*（L.）O.Kuntze】的鲜叶为原料，经杀青、初揉、堆闷、复揉、干燥工艺制成毛茶，再经过筛选、拼配、汽蒸或不汽蒸、渥堆、汽蒸、压制成型或不压制成型、陈化、成品包装等工艺过程加工制成的具有独特品质特征的黑茶。

六堡茶（散茶）loose Liupao tea

未经压制成型，保持了茶叶条索的自然形状，而且条索互不粘结的六堡茶。

六堡茶（紧压茶） brick Liupao tea

经汽蒸和压制后成型的各种形状的六堡茶，包括竹箩装紧压茶、砖茶、饼茶、沱茶、圆柱茶等，分别以对应等级的六堡茶（散茶）加工而成，或以六堡毛茶加工而成。

二、产品分类、等级和实物标准样

根据六堡茶的制作工艺和外观形态，分为六堡茶（散茶）和六堡茶（紧压茶）。

六堡茶（散茶）按感官品质特征和理化指标分为特级、一级至六级，共七个等级。

六堡茶（紧压茶）按感官品质特征和理化指标分为特级、一级至六级，共七个等级。

六堡茶（散茶）实物标准样每五年换样一次。

六堡茶（紧压茶）不设实物标准样。由企业按加工工艺要求进行生产留存。

三、产品感官品质特征

六堡茶（散茶）的感官品质应符合表1的规定。

表1 六堡茶（散茶）的感官品质

级别	外形				内质			
	条索	整碎	色泽	净度	香气	滋味	汤色	叶底
特级	紧细	匀整	黑褐、黑、油润	净	陈香纯正	陈、醇厚	深红、明亮	褐、黑褐、细嫩柔软、明亮
一级	紧结	匀整	黑褐、黑、油润	净	陈香纯正	陈、尚醇厚	深红、明亮	褐、黑褐、尚细嫩柔软、明亮
二级	尚紧结	较匀整	黑褐、黑、尚油润	净、稍含嫩茎	陈香纯正	陈、浓醇	尚深红、明亮	褐、黑褐、嫩柔软、明亮
三级	粗实、紧卷	较匀整	黑褐、黑、尚油润	净、有嫩茎	陈香纯正	陈、尚浓醇	红、明亮	褐、黑褐、尚柔软、明亮
四级	粗实	尚匀整	黑褐、黑、尚油润	净、有茎	陈香纯正	陈、醇正	红、明亮	褐、黑褐、稍硬、明亮
五级	粗松	尚匀整	黑褐、黑	尚净、稍有筋梗茎梗	陈香纯正	陈、尚醇正	尚红、尚明亮	褐、黑褐、稍硬、明亮
六级	粗老	尚匀	黑褐、黑	尚净、有筋梗茎梗	陈香尚纯正	陈、尚醇	尚红、尚亮	褐、黑褐、稍硬、尚亮

六堡茶（紧压茶）外形形状端正匀称、松紧适度、厚薄均匀、表面平整；色泽、净度、香气、滋味、汤色、叶底等感官品质应符合表1中对应等级的规定。

四、产品理化指标

六堡茶（散茶）的理化指标应符合表2的规定。

表2　六堡茶（散茶）的理化指标

项目		指标						
		特级	一级	二级	三级	四级	五级	六级
水分/%（质量分数）	≤				12.0			
总灰分/%（质量分数）	≤				8.0			
粉末/%（质量分数）	≤				0.8			
茶梗/%（质量分数）	≤	3.0		6.5			10.0	
水浸出物/%（质量分数）	≥	30.0		28.0			26.0	

六堡茶（紧压茶）的理化指标应符合表3的规定。

表3　六堡茶（紧压茶）的理化指标

项目		指标						
		特级	一级	二级	三级	四级	五级	六级
水分/%（质量分数）	≤				14.0（计重水分12%）			
总灰分/%（质量分数）	≤				8.5			
茶梗/%（质量分数）	≤	3.0		6.5			10.0	
水浸出物/%（质量分数）	≥	30.0		28.0			26.0	

五、标准基本信息

本标准的基本信息如表4所示。

表4 标准基本信息

发布时间：2016-06-14　　　　实施时间：2017-01-01　　　　状态：目前现行

本标准参与单位/责任人	具体单位/责任人
提出单位	中华全国供销合作总社
归口单位	全国茶叶标准化技术委员会（SAC/TC 339）
主要起草单位	华南农业大学 中华全国供销合作总社杭州茶叶研究院 梧州市农业局 梧州出入境检验检疫局 梧州市六堡茶协会 梧州市农业科学研究所 广西壮族自治区茶叶学会 梧州中茶茶业有限公司 梧州市六堡茶研究院 广西壮族自治区梧州茶厂 广西梧州茂圣茶业有限公司
主要起草人	王登良、翁昆、覃柱材、吴平、龙志荣、邱瑞瑾、邱卫华、张均伟、马士成、刘泽森、苏淑梅、张亚丽

湘尖茶

源自GB/T 32719.3-2016

一、术语定义

湘尖茶 xiangjian tea

以安化黑毛茶为原料，经过筛分、复火烘焙、拣剔、半成品拼配、汽蒸、装篓、压制成型、打汽针、凉置通风干燥、成品包装等工艺过程制成的安化黑茶产品。

二、产品等级和实物标准样

天尖（湘尖1号）是以特、一级安化黑毛茶为主要原料，按湘尖茶传统加工工艺制成的安化黑茶产品。

贡尖（湘尖2号）是以二级安化黑毛茶为主要原料，按湘尖茶传统加工工艺制成的安化黑茶产品。

生尖（湘尖3号）是以三级安化黑毛茶为主要原料，按湘尖茶传统加工工艺制成的安化黑茶产品。

湘尖茶各等级均设实物标准样，实物标准样为品质的最低界限，每五年更换一次。

三、产品感官品质特征

湘尖茶的感官品质应符合表1的规定。

表1　湘尖茶的感官品质要求

等级	外形	汤色	香气	滋味	叶底
天尖	团块状，有一定的结构力，解散团块后茶条紧结，扁直，乌黑油润	橙黄	纯浓或带松烟香	浓厚	黄褐夹带棕褐，叶张较完整，尚嫩匀
贡尖	团块状，有一定的结构力，解散团块后茶条紧实，扁直，油黑带褐	橙黄	纯尚浓或带松烟香	醇厚	棕褐，叶张较完整
生尖	团块状，有一定的结构力，解散团块后茶条粗壮尚紧，呈泥鳅条状，黑褐	橙黄	纯正或带松烟香	醇和	黑褐，叶宽大较肥厚

四、产品理化指标

湘尖茶的理化指标应符合表2的规定。

表2　湘尖茶的理化指标

项目		天尖	贡尖	生尖
水分/%（质量分数）	≤	14.0（计重水分12%）		
总灰分/%（质量分数）	≤	7.5	7.5	8.0
含梗量/%（质量分数）	≤	5.0（其中长于30 mm的茶梗不得超过0.1%）	6.0（其中长于30 mm的茶梗不得超过0.5%）	10.0（其中长于30 mm的茶梗不得超过1.0%）
水浸出物/%（质量分数）	≥	26.0	24.0	22.0
注：采用计重水分换算湘尖茶的净含量。				

五、标准基本信息

本标准的基本信息如表3所示。

表3 标准基本信息

发布时间：2016-06-14　　　　　　实施时间：2017-01-01　　　　　　状态：目前现行

本标准参与单位/责任人	具体单位/责任人
提出单位	中华全国供销合作总社
归口单位	全国茶叶标准化技术委员会（SAC/TC 339）
主要起草单位	湖南农业大学 中华全国供销合作总社杭州茶叶研究院 湖南省茶业集团股份有限公司 湖南省白沙溪茶厂股份有限公司 湖南省益阳茶厂有限公司 湖南省益阳市农业局 湖南怡清源茶业有限公司
主要起草人	肖力争、刘仲华、翁昆、彭雄根、刘新安、杨秀芳、刘雪慧、张流梅、林海、张亚丽

普洱茶

源自GB/T 22111-2008

一、术语定义

普洱茶 Puer tea

以地理标志保护范围内的云南大叶种晒青茶为原料，并在地理标志保护范围内采用特定的加工工艺制成，具有独特品质特征的茶叶。

云南大叶种茶 Yunnan Daye tea

分布于云南省茶区的各种乔木型、小乔木型大叶种茶树品种的总称。

后发酵 post-fermentation

云南大叶种晒青茶或普洱茶（生茶）在特定的环境条件下，经微生物、酶、湿热、氧化等综合作用，其内含物质发生一系列转化，形成普洱茶（熟茶）独有品质特征的过程。

 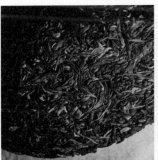 

二、产品分类、等级和实物标准样

普洱茶按加工工艺及品质特征分为普洱茶生茶、普洱茶熟茶两种类型。按外观形态分普洱茶（熟茶）散茶、普洱茶（生茶、熟茶）紧压茶。

普洱茶（熟茶）散茶按品质特征分为特级、一级至十级，共十一个等级。

普洱茶（生茶、熟茶）紧压茶外形有圆饼形、碗臼形、方形、柱形等多种形状和规格。

普洱茶（熟茶）散茶根据各级别的品质要求，逢单制作实物标准样，每三年更换一次，各级标准样为该级别品质的最低界限。

普洱茶（生茶、熟茶）紧压茶不做实物标准样，由企业按加工工艺要求进行生产留存。

三、鲜叶质量要求、分级要求

鲜叶采自符合普洱茶原产地环境条件的茶园的云南大叶种茶的新梢，应保持芽叶完整、新鲜、匀净，无污染和无其他非茶类夹杂物。

鲜叶分级应符合表1的规定。

表1　鲜叶分级指标

级别	芽叶比例
特级	一芽一叶占70%以上，一芽二叶占30%以下
一级	一芽二叶占70%以上，同等嫩度其他芽叶占30%以下
二级	一芽二、三叶占60%以上，同等嫩度其他芽叶占40%以下
三级	一芽二、三叶占50%以上，同等嫩度其他芽叶占50%以下
四级	一芽三、四叶占70%以上，同等嫩度其他芽叶占30%以下
五级	一芽三、四叶占50%以上，同等嫩度其他芽叶占50%以下

四、产品感官品质特征

产品质量基本要求为品质正常，无劣变，无异味，洁净，不含非茶类夹杂物，不得加入任何添加剂。

晒青茶的感官品质特征应符合表2的规定。

表2 晒青茶的感官品质特征

级别	外形				内质			
	条索	色泽	整碎	净度	香气	滋味	汤色	叶底
特级	肥嫩、紧结、芽毫显	绿润	匀整	稍有嫩茎	清香浓郁	浓醇回甘	黄绿清净	柔嫩显芽
二级	肥壮、紧结、显毫	绿润	匀整	有嫩茎	清香尚浓	浓厚	黄绿明亮	嫩匀
四级	紧结	墨绿润泽	尚匀整	稍有梗片	清香	醇厚	绿黄	肥厚
六级	紧实	深绿	尚匀整	有梗片	纯正	醇和	绿黄	肥壮
八级	粗实	黄绿	尚匀整	梗片稍多	平和	平和	绿黄稍浊	粗壮
十级	粗松	黄褐	欠匀整	梗片较多	粗老	粗淡	黄浊	粗老

普洱茶（熟茶）散茶的感官品质特征应符合表3的规定。

表3 普洱茶（熟茶）散茶的感官品质特征

级别	外形				内质			
	条索	整碎	色泽	净度	香气	滋味	汤色	叶底
特级	紧细	匀整	红褐润、显毫	匀净	陈香浓郁	浓醇甘爽	红艳明亮	红褐柔嫩
一级	紧结	匀整	红褐润、较显毫	匀净	陈香浓厚	浓醇回甘	红浓明亮	红褐较嫩
三级	尚紧结	匀整	褐润、尚显毫	匀净、带嫩梗	陈香浓纯	醇厚回甘	红浓明亮	红褐尚嫩
五级	紧实	匀齐	褐、尚润	尚匀、稍带梗	陈香尚浓	浓厚回甘	深红明亮	红褐欠嫩
七级	尚紧实	尚匀齐	褐、欠润	尚匀、带梗	陈香纯正	醇和回甘	褐红尚浓	红褐粗实
九级	粗松	欠匀齐	褐、稍花	欠匀、带梗片	陈香平和	纯正回甘	褐红尚浓	红褐粗松

普洱茶（生茶、熟茶）紧压茶的品质特征：普洱茶（生茶）紧压茶外形色泽墨绿，形状端正匀称，松紧适度、不起层脱面；洒面茶应包心不外露；内质香气清纯、滋味浓厚、汤色明亮，叶底肥厚黄绿。

普洱茶（熟茶）紧压茶外形色泽红褐，形状端正匀称，松紧适度、不起层脱面；洒面茶应包心不外露；内质汤色红浓明亮，香气独特陈香，滋味醇厚回甘，叶底红褐。

五、产品理化指标

晒青茶的理化指标应符合表4的规定。

表4　晒青茶理化指标

项目		指标
水分/%	≤	10.0
总灰分/%	≤	7.5
粉末/%	≤	0.8
水浸出物/%	≥	35.0
茶多酚/%	≥	28.0

普洱茶（生茶）的理化指标应符合表5的规定。

表5　普洱茶（生茶）理化指标

项目		指标
水分/%	≤	13.0[a]
总灰分/%	≤	7.5
水浸出物/%	≥	35.0
茶多酚/%	≥	28.0
[a]净含量检验时计重水分为10.0%。		

普洱茶（熟茶）的理化指标应符合表6的规定。

表6　普洱茶（熟茶）理化指标

项目		指标	
		散茶	紧压茶
水分/%	≤	12.0[a]	12.5[a]
总灰分/%	≤	8.0	8.5
粉末/%	≤	0.8	—
水浸出物/%	≥	28.0	28.0
粗纤维/%	≤	14.0	15.0
茶多酚/%	≤	15.0	15.0
[a]净含量检验时计重水分为10.0%。			

六、地理标志产品保护范围

地理标志产品普洱茶保护范围为下图中标注的云南省普洱市、西双版纳州、临沧市、昆明市、大理州、保山市、德宏州、楚雄州、红河州、玉溪市、文山州等11个州（市）、75个县（市、区）、639个乡（镇、街道办事处）现辖行政区域。

七、标准基本信息

本标准的基本信息如表7所示。

表7 标准基本信息

发布时间：2008-06-17　　　　实施时间：2008-12-01　　　　状态：目前现行

本标准参与单位/责任人	具体单位/责任人
提出单位	全国原产地域产品标准化工作组
归口单位	全国原产地域产品标准化工作组
主要起草单位	云南省茶叶产业办公室 云南省人民政府生物资源开发创新办公室 云南农业大学 云南大学 国家热带农副产品质量监督检验中心 云南省农业科学院茶叶研究所 农业农村部农产品质量监督检验测试中心（昆明）
主要起草人	蔡新、张理珉、杨善禧、夏兵、孙文通、李文华、吕才有、卢云、黎其万、梁名志、张勤民、周红杰、丁强

花卷茶

源自GB/T 32719.2-2016

一、术语定义

花卷茶 huajuan tea

以黑毛茶为原料，按照传统加工工艺，经过筛分、拣剔、半成品拼堆、汽蒸、装篓、压制、（日晒）干燥等工序加工而成的、外形呈长圆柱体状以及经切割后形成的不同形状的小规格黑茶产品。

二、产品分类、等级和实物标准样

花卷茶按产品外形尺寸和净含量不同分为万两茶、五千两茶、千两茶、五百两茶、三百两茶、百两茶、十六两茶、十两茶等多种。

花卷茶不分等级。实物标准样为品质的最低界限，每五年更换一次。

三、产品感官品质特征

花卷茶的感官品质应符合表1的要求。

表1　花卷茶的感官品质要求

外形	汤色	香气	滋味	叶底
茶叶外形色泽黑褐，圆柱体形，压制紧密，无蜂窝巢状，茶叶紧结或有"金花"	橙黄	纯正或带松烟香、菌花香	醇厚或微涩	深褐，尚软亮

四、产品理化指标

花卷茶的理化指标应符合表2的规定。

表2　花卷茶的理化指标要求

项目		指标
水分/%（质量分数）	≤	15.0（计重水分为12.0%）
总灰分/%（质量分数）	≤	8.0
茶梗/%（质量分数）	≤	5.0（其中长于30 mm的梗含量≤0.5%）
水浸出物/%（质量分数）	≥	24.0
注：采用计重水分换算花卷茶的净含量。		

五、标准基本信息

本标准的基本信息如表3所示。

表3　标准基本信息

发布时间：2016-06-14　　　　　实施时间：2017-01-01　　　　　状态：目前现行

本标准参与单位/责任人	具体单位/责任人
提出单位	中华全国供销合作总社
归口单位	全国茶叶标准化技术委员会（SAC/TC 339）
主要起草单位	湖南农业大学 中华全国供销合作总社杭州茶叶研究院 湖南省茶业集团股份有限公司 湖南省白沙溪茶厂股份有限公司 湖南省益阳茶厂有限公司 湖南中茶茶业有限公司 湖南省益阳市茶叶局 国家黑茶产品质量监督检验中心（湖南）
主要起草人	肖力争、翁昆、刘仲华、周重旺、尹钟、肖益平、刘杏益、熊嘉、刘雪慧、曾学军、何建国、张亚丽

花砖茶

源自GB/T 9833.1-2013

一、术语定义

花砖茶以黑毛茶为主要原料，经过毛茶筛分、半成品拼配、渥堆、蒸汽压制成型、干燥、成品包装等工艺过程制成。

二、产品分类、等级和实物标准样

花砖茶不分等级。实物标准样为品质的最低界限，每五年更换一次。

三、产品感官品质特征

产品感官品质应符合实物标准样。

外形：砖面平整，花纹图案清晰，棱角分明，厚薄一致，色泽黑褐，无黑霉、白霉、青霉等霉菌。

内质：香气纯正或带松烟香，汤色橙黄，滋味醇和。

色泽黑褐　　香气纯正或带松烟香　　汤色橙黄　　滋味醇和

四、产品理化指标

花砖茶的理化指标应符合表1的规定。

表1 花砖茶的理化指标

项目		指标
水分/%（质量分数）	≤	14.0（计重水分为12.0%）
总灰分/%（质量分数）	≤	8.0
茶梗/%（质量分数）	≤	15.0（其中长于30 mm的茶梗不得超过1.0%）
非茶类夹杂物/%（质量分数）	≤	0.2
水浸出物/%（质量分数）	≥	22.0
注：采用计重水分换算茶砖的净含量。		

五、标准基本信息

本标准的基本信息如表2所示。

表2 标准基本信息

发布时间：2013-07-19　　　　　实施时间：2013-12-06　　　　　状态：目前现行

本标准参与单位/责任人	具体单位/责任人
提出单位	中华全国供销合作总社
归口单位	全国茶叶标准化技术委员会（SAC/TC 339）
主要起草单位	中华全国供销合作总社杭州茶叶研究院 中国茶叶流通协会 湖南省茶业有限公司 湖南省白沙溪茶厂有限责任公司
主要起草人	翁昆、杨秀芳、王庆、吴锡端、周重旺、刘新安、刘雪慧、梅宇、曾学军、张岭苳、张亚丽

雅安藏茶

源自GH/T 1120-2015

一、术语定义

雅安藏茶 yaan tibetan tea

在雅安市辖行政区域内，以一芽五叶以内的茶树新梢（或同等嫩度对夹叶）或藏茶毛茶为原料，采用南路边茶的核心制作技艺，经杀青、揉捻、干燥、渥堆、精制、拼配、蒸压等特定工艺制成的黑茶类产品，具有褐叶红汤、陈醇回甘的独特品质。

褐叶红汤　　　陈醇回甘

藏茶毛茶 raw tibetan tea

藏茶毛茶分为初制藏茶毛茶和复制藏茶毛茶。

初制藏茶毛茶 primary processed raw tibetan tea

以一芽五叶以内的茶树鲜叶（或同等嫩度对夹叶）为原料，经过摊放、杀青、初揉（及脱梗）、初烘（或晒或炒）、渥堆（发酵）、复烘（或晒或炒）、复揉、足烘（或晒或炒）等工序加工而成。

复制藏茶毛茶 reprocessed raw tibetan tea

以绿毛茶为原料，经过发水、堆放（回潮）、蒸揉、渥堆（发酵）、复烘（或晒或炒）、足烘（或晒或炒）等工序加工而成。

二、产品分类、等级和实物标准样

雅安藏茶按照其形状和再加工工艺分为紧压藏茶、散藏茶、袋泡藏茶。

紧压藏茶按品质特征分为特级、一级、二级。

散藏茶按品质特征分为特级、一级、二级。

袋泡藏茶不分等级。

实物标准样为品质的最低界限，每五年更换一次。

三、产品感官品质特征

产品应有正常的色、香、味，无异味、无霉变、无劣变。不得着色，无任何人工合成化学物质及添加剂。

紧压藏茶各等级产品的感官指标应符合表1的要求。

表1　紧压藏茶的感官指标

产品名称	等级	外形	香气	滋味	汤色	叶底
紧压藏茶	特级	砖面均匀平整、棱角分明、色泽黑褐油润	浓、带陈香	醇厚	红浓明亮	褐润、软
	一级	砖面平整较匀、色褐较润	高、带陈香	醇和	红浓明亮	褐较润
	二级	砖面平整尚匀、色褐尚润	纯正	纯和	橙红明亮	褐尚润

散藏茶各等级产品的感官指标应符合表2的要求。

表2　散藏茶的感官指标

产品名称	等级	外形	香气	滋味	汤色	叶底
散藏茶	特级	芽叶匀整、黑褐油润	浓、带陈香	醇厚	红浓明亮	芽叶匀整、色棕褐
	一级	紧细匀整、黑褐较润	高、带陈香	醇和	红明亮	软、尚亮
	二级	紧结较匀、黑褐尚润	纯正	纯和	橙红明亮	尚软

袋泡藏茶感官品质：香气纯正、带陈香，滋味醇和，汤色橙红明亮。

四、理化指标

紧压藏茶的理化指标应符合表3的要求。

表3　紧压藏茶的理化指标

项目		指标		
		特级	一级	二级
水分/%（质量分数）	≤	13.0（计重水分为12.0%）		
茶梗/%（质量分数）	≤	3.0	5.0	7.0
总灰分/%（质量分数）	≤	7.0	7.5	7.5
水浸出物/%（质量分数）	≥	32.0	30.0	28.0
注：采用计重水分换算茶砖的净含量。				

散藏茶的理化指标应符合表4的要求。

表4　散藏茶的理化指标

项目		指标		
		特级	一级	二级
水分/%（质量分数）	≤	9.0		
茶梗/%（质量分数）	≤	3.0	5.0	7.0
总灰分/%（质量分数）	≤	7.0	7.5	7.5
水浸出物/%（质量分数）	≥	32.0	30.0	28.0

袋泡藏茶的理化指标应符合表5的要求。

表5　袋泡藏茶的理化指标

项目		指标
水分/%（质量分数）	≤	10.0
茶梗/%（质量分数）	≤	7.0
总灰分/%（质量分数）	≤	8.0
水浸出物/%（质量分数）	≥	30.0

五、标准基本信息

本标准的基本信息如表6所示。

表6　标准基本信息

发布时间：2015-12-30　　　　　实施时间：2016-06-01　　　　　状态：目前现行

本标准参与单位/责任人	具体单位/责任人
提出单位	中国茶叶流通协会
归口单位	全国茶叶标准化技术委员会（SAC/TC 339）
主要起草单位	中国茶叶流通协会 四川省茶叶产品质量检测中心 四川省雅安茶厂股份有限公司 雅安市友谊茶叶有限公司
主要起草人	魏晓惠、王庆、杜晓、李朝贵、王振霞、梅杰、于英杰、 李建华、陈书谦、甘玉祥

茉莉花茶

源自GB/T 22292-2017

一、术语定义

特种烘青茉莉花茶 special baking jasmine tea

以单芽或一芽一、二叶等鲜叶为原料，经加工后呈芽针形、兰花形或其他特殊造型及肥嫩或细秀条形等，或有特殊品名的烘青坯茉莉花茶。

特种炒青茉莉花茶 special stir fixation jasmine tea

以单芽或一芽一、二叶等鲜叶为原料，经加工后呈扁平、卷曲、圆珠或其他特殊造型，或有特定品名的炒青坯茉莉花茶。

茉莉花干 dried jasmine

茉莉鲜花经窨制茶叶后，花色转黄、花香散失呈干花状，常伴有绿色花托。

二、产品分类和实物标准样

茉莉花茶根据茶坯原料不同，分为烘青茉莉花茶、炒青（含半烘炒）茉莉花茶、碎茶和片茶茉莉花茶。

各类产品的每一等级应设置实物标准样。

三、产品感官品质特征

产品品质应正常，无劣变，无异味，无异嗅。不得含有任何添加剂。

特种烘青茉莉花茶的感官品质应符合表1的规定。

表1　特种烘青茉莉花茶的感官品质

类型	项目							
	外形				内质			
	形状	整碎	净度	色泽	香气	滋味	汤色	叶底
造型茶	针形、兰花形或其他特殊造型	匀整	洁净	黄褐润	鲜灵浓郁持久	鲜浓醇厚	嫩黄、清澈明亮	嫩黄绿、明亮
大白毫	肥壮、紧直、重实、满披白毫	匀整	洁净	黄褐银润	鲜灵浓郁持久幽长	鲜爽醇厚甘滑	浅黄或杏黄、鲜艳明亮	肥嫩多芽、嫩黄绿、匀亮
毛尖	毫芽细秀、紧结、平伏、白毫显露	匀整	洁净	黄褐油润	鲜灵浓郁持久清幽	鲜爽甘醇	浅黄或杏黄、清澈明亮	细嫩显毫、嫩黄绿、匀亮
毛峰	紧结、肥壮、锋毫显露	匀整	洁净	黄褐润	鲜灵浓郁高长	鲜爽浓醇	浅黄或杏黄、清澈明亮	肥嫩显芽、嫩绿、匀亮
银毫	紧结、肥壮、平伏、毫芽显露	匀整	洁净	黄褐油润	鲜灵浓郁	鲜爽醇厚	浅黄或黄、清澈明亮	肥嫩、黄绿、匀亮
春毫	紧结、细嫩、平伏、毫芽较显	匀整	洁净	黄褐润	鲜灵浓纯	鲜爽浓纯	黄明亮	嫩匀、黄绿、匀亮
香毫	紧结显毫	匀整	净	黄润	鲜灵纯正	鲜浓醇	黄明亮	嫩匀、黄绿、明亮

各等级烘青茉莉花茶的感官品质应符合表2的规定。

表2　各等级烘青茉莉花茶的感官品质

类型	项目							
	外形				内质			
	条索	整碎	净度	色泽	香气	滋味	汤色	叶底
特级	细紧或肥壮、有锋苗有毫	匀整	净	绿黄润	鲜浓持久	浓醇爽	黄亮	嫩软、匀齐、黄绿、明亮
一级	紧结、有锋苗	匀整	尚净	绿黄尚润	鲜浓	浓醇	黄明	嫩匀、黄绿、明亮
二级	尚紧结	尚匀整	稍有嫩茎	绿黄	尚鲜浓	尚浓醇	黄尚亮	嫩尚匀、黄绿亮
三级	尚紧	尚匀整	有嫩茎	尚绿黄	尚浓	醇和	黄尚明	尚嫩匀、黄绿
四级	稍松	尚匀	有茎梗	黄稍暗	香薄	尚醇和	黄欠亮	稍有摊张、绿黄
五级	稍粗松	尚匀	有梗朴	黄稍枯	香弱	稍粗	黄较暗	稍粗大、黄稍暗

各等级炒青（含半烘炒）茉莉花茶的感官品质应符合表3的规定。

表3　各等级炒青（含半烘炒）茉莉花茶的感官品质

级别	项目							
	外形				内质			
	条索	整碎	净度	色泽	香气	滋味	汤色	叶底
特种	扁平、卷曲、圆珠或其他特殊造型	匀整	净	黄绿或黄褐润	鲜灵、浓郁、持久	鲜浓醇爽	浅黄或黄明亮	细嫩或肥嫩匀、黄绿明亮
特级	紧结显锋苗	匀整	洁净	绿黄润	鲜浓纯	浓醇	黄亮	嫩匀、黄绿、明亮
一级	紧结	匀整	净	绿黄尚润	浓尚鲜	浓尚醇	黄明	尚嫩匀、黄绿、尚亮
二级	紧实	匀整	稍有嫩茎	绿黄	浓	尚浓醇	黄尚亮	尚匀、黄绿
三级	尚紧实	尚匀整	有筋梗	尚绿黄	尚浓	尚浓	黄尚明	欠匀、绿黄
四级	粗实	尚匀整	带梗朴	黄稍暗	香弱	平和	黄欠亮	稍有摊张黄
五级	稍粗松	尚匀	多梗朴	黄稍枯	香浮	稍粗	黄较暗	稍粗黄稍暗

碎茶、片茶的感官品质应符合表4的规定。

表4　茉莉花茶碎茶和片茶的感官品质

碎茶	通过紧门筛（筛网孔径0.8 mm~1.6 mm）洁净重实的颗粒茶，有花香，滋味尚醇
片茶	通过紧门筛（筛网孔径0.8 mm~1.6 mm）轻质片状茶，有花香，滋味尚纯

四、产品理化指标

茉莉花茶的理化指标应符合表5的规定。

表5　茉莉花茶的理化指标

项目		指标			
		特种、特级、一级、二级	三级、四级、五级	碎茶	片茶
水分/%（质量分数）	≤	8.5			
总灰分/%（质量分数）	≤	6.5		7.0	
水浸出物/%（质量分数）	≥	34.0		32.0	

续表

项目		指标			
		特种、特级、一级、二级	三级、四级、五级	碎茶	片茶
粉末/%（质量分数）	≤	1.0	1.2	3.0	7.0
茉莉花干/%（质量分数）	≤	1.0	1.5	1.5	

五、标准基本信息

本标准的基本信息如表6所示。

表6　标准基本信息

发布时间：2017-11-01　　　　实施时间：2018-02-01　　　　状态：目前现行

本标准参与单位/责任人	具体单位/责任人
提出单位	中华全国供销合作总社
归口单位	全国茶叶标准化技术委员会（SAC/TC 339）
主要起草单位	中华全国供销合作总社杭州茶叶研究院 福建春伦茶业集团有限公司 北京张一元茶叶有限责任公司 福建农林大学 福建茶叶进出口有限责任公司 福建省茶叶质量检测中心站 北京吴裕泰茶业股份有限公司 四川省茶叶集团股份有限公司 湖南省茶业集团股份有限公司 国家茶叶质量监督检验中心
主要起草人	赵玉香、杨江帆、傅天龙、王秀兰、翁昆、危赛明、陈銮、叶乃兴、陈金水、孙云、郑乃辉、郭玉琼、孙丹威、张亚丽、刘亚峰、尹钟、蔡红兵、邹新武、傅天甫、周琦

茉莉红茶

源自GH/T 1297-2020

一、术语定义

茉莉红茶（jasmine black tea）

以工夫红茶为原料，选用茉莉鲜花（含玉兰、珠兰等其他鲜花打底）窨制加工而成。

特种茉莉红茶（special jasmine black tea）

以独特外形的红茶为原料，配以茉莉鲜花窨制加工而成。

二、产品分类、等级

产品分为大叶种茉莉红茶和中小叶种茉莉红茶两类。每类又分为特种茉莉红茶和等级茉莉红茶。

特种茉莉红茶不分质量等级。

等级茉莉红茶根据其质量分为特级、一级、二级、三级，共四个等级。

三、产品感官品质特征

产品应品质正常，无劣变、无异味。

各种类产品的感官品质应符合表1、表2的要求。

表1 中小叶种茉莉红茶的感官品质

类别	等级	外形	香气	滋味	汤色	叶底
特种茉莉红茶	—	造型独特、洁净匀整、乌较润	花香浓、甜香显	鲜醇甘爽	红明亮	柔软、红匀明亮
等级茉莉红茶	特级	细紧、显毫、多锋苗、匀净、乌黑油润	花香浓郁、嫩甜香显	鲜醇甘爽	红明亮	细嫩、红匀明亮
	一级	紧细、有锋苗带毫、匀净、乌较润	花香较浓、显甜香	醇厚较爽	红亮	嫩匀、红亮
	二级	紧结、较匀整、较乌尚润	花香尚浓、有甜香	醇和	较红亮	较软、红尚亮
	三级	较紧结、尚匀整、尚黑	花香、甜香纯正	醇正	尚红	尚软、较红

表2 大叶种茉莉红茶的感官品质

类别	等级	外形	香气	滋味	汤色	叶底
特种茉莉红茶	—	造型独特、洁净匀齐、乌褐油润、金毫显	花香浓、甜香显	鲜浓醇厚	红亮	柔软、红匀明亮
等级茉莉红茶	特级	肥壮、紧结、多锋苗、匀净、乌褐油润、多金毫	花香、甜香浓郁	鲜浓醇爽	红艳明亮	肥嫩、红匀明亮
	一级	肥壮、紧结、有锋苗、匀净、乌褐润、有金毫	花香、甜香较浓	醇较浓	红亮	柔软、红匀亮
	二级	较肥壮紧实、较匀净、乌褐尚润	花香、甜香尚浓	较醇浓	较红亮	较柔软、红尚亮
	三级	较紧实、尚净、乌褐	纯正尚浓	尚醇	红尚亮	尚软、尚红

四、产品理化指标

茉莉红茶的理化指标应符合表3的规定。

表3 茉莉红茶的理化指标

项目		指标	
		特种茉莉红茶	等级茉莉红茶
水分/%	≤	8.5	
总灰分/%	≤	6.5	
碎茶/%（质量分数）	≤	5.0	7.0

续表

项目		指标	
		特种茉莉红茶	等级茉莉红茶
粉末/%（质量分数）	≤	1.0	1.2
茉莉干花/%（质量分数）	≤	1.0	1.5
水浸出物/%（质量分数）	≥	32.0	30.0

五、标准基本信息

本标准的基本信息如表4所示。

表4 标准基本信息

发布时间：2020-06-04　　　　　实施时间：2020-09-01　　　　　状态：目前现行

本标准参与单位/责任人	具体单位/责任人
提出单位	中国茶叶流通协会
归口单位	全国茶叶标准化技术委员会（SAC/TC 339）
主要起草单位	四川省清溪茶业有限公司 中国茶叶流通协会 犍为县农业农村局 福建春伦集团有限公司 福建茶叶进出口有限责任公司 福建省茶叶质量检测与技术推广中心 湘丰茶业集团有限公司 福建农林大学 闽榕茶业有限公司 四川省茶叶集团股份有限公司 广西横县茉莉花产业管理局 广西金花茶业有限公司
主要起草人	吴德平、王庆、张林、傅天龙、陈銮、危赛明、王文武、叶乃兴、王德星、颜泽文、申卫伟、颜飞、于英杰、傅天甫、罗星火、兰元、蔡红兵、李志成、邱旭明、李娟、陆宏建、饶耿慧、翁荣斌、周琦、梁立会

桂花茶

源自GH/T 1117-2015

一、术语定义

桂花茶 osmanthus tea

以绿茶、红茶、乌龙茶为原料，经原料整形、桂花鲜花窨制、干燥等工艺制作而成。

二、产品分类

产品根据原料的不同分为扁形桂花绿茶、条形桂花绿茶、桂花红茶和桂花乌龙茶。

三、原料质量要求

桂花应新鲜、清洁、无夹杂物。

四、产品感官品质特征

扁形桂花绿茶的感官品质应符合表1的规定。

表1　扁形桂花绿茶的感官品质

级别	外形				内质			
	条索	整碎	色泽	净度	香气	滋味	汤色	叶底
特级	扁平、光直	匀齐	嫩绿润	匀净	浓郁持久	醇厚	嫩绿明亮	嫩绿成朵、匀齐明亮
一级	扁平、挺直	较匀齐	嫩绿尚润	洁净	浓郁、尚持久	较醇厚	尚嫩绿明亮	成朵、尚匀齐明亮
二级	扁平、尚挺直	匀整	绿润	较洁净	浓	尚浓醇	绿明亮	尚成朵、绿明亮
三级	尚扁平、挺直	较匀整	尚绿润	尚洁净	尚浓	尚浓	尚绿明亮	有嫩单片、绿尚明亮

条形桂花绿茶的感官品质应符合表2的规定。

表2　条形桂花绿茶的感官品质

级别	外形				内质			
	条索	整碎	色泽	净度	香气	滋味	汤色	叶底
特级	细紧	匀齐	嫩绿润	匀净	浓郁持久	醇厚	嫩绿明亮	嫩绿成朵、匀齐明亮
一级	紧细	较匀齐	嫩绿尚润	净、稍含嫩茎	浓郁尚持久	较醇厚	尚嫩绿明亮	成朵、尚匀齐明亮
二级	较紧细	匀整	绿润	尚净、有嫩茎	浓	浓醇	绿明亮	尚成朵、绿明亮
三级	尚紧细	较匀整	尚绿润	尚净、稍有筋梗	尚浓	尚浓	尚绿明亮	有嫩单片、绿尚明亮

桂花红茶的感官品质应符合表3的规定。

表3　桂花红茶的感官品质

级别	外形				内质			
	条索	整碎	色泽	净度	香气	滋味	汤色	叶底
特级	细紧	匀齐	乌润	匀净	浓郁持久	醇厚甜香	橙红明亮	细嫩、红匀明亮
一级	紧细	较匀齐	乌较润	较匀净	浓郁尚持久	较醇厚甜香	橙红尚明亮	嫩匀、红亮
二级	较紧细	匀整	乌尚润	尚匀净	浓	醇和	橙红明	嫩匀、尚红亮
三级	尚紧细	较匀整	尚乌润	尚净	尚浓	醇正	红明	尚嫩匀、尚红亮

桂花乌龙茶的感官品质应符合表4的规定。

表4　桂花乌龙茶的感官品质

级别	外形				内质			
	条索	整碎	色泽	净度	香气	滋味	汤色	叶底
特级	肥壮、紧结、重实	匀整	乌润	洁净	浓郁、持久、桂花香明	醇厚、桂花香明、回甘	橙黄、清澈	肥厚、软亮匀整
一级	较肥壮、结实	较匀整	较乌润	净	清高、持久、桂花香明	醇厚、带有桂花香	深橙黄、清澈	尚软亮、匀整
二级	稍肥壮、略结实	尚匀整	尚乌绿	尚净、稍有嫩幼梗	桂花香、尚清高	醇和、带有桂花香	橙黄、深黄	稍软亮、略匀整

五、产品理化指标

桂花茶的理化指标应符合表5的规定。

表5　桂花茶的理化指标

项目		要求
水分/%（质量分数）	≤	8.0
总灰分/%（质量分数）	≤	6.5
水浸出物/%（质量分数）	≥	32.0
粉末/%（质量分数）	≤	1.0
花干/%（质量分数）	≤	1.0

六、标准基本信息

本标准的基本信息如表6所示。

表6　标准基本信息

发布时间：2015-12-30　　　　实施时间：2016-06-01　　　　状态：目前现行

本标准参与单位/责任人	具体单位/责任人
提出单位	中华全国供销合作总社
归口单位	全国茶叶标准化技术委员会（SAC/TC 339）
主要起草单位	中华全国供销合作总社杭州茶叶研究院 杭州艺福堂茶业有限公司 杭州市标准化研究院 福建新坦洋茶业（集团）股份有限公司 四川省茶业集团股份有限公司
主要起草人	翁昆、李晓军、杜威、金勇、张亚丽、张锦华、蔡红兵